总师大讲堂

民用建筑电气设计技巧与实战

杜 乐 编著

机械工业出版社
CHINA MACHINE PRESS

为了更好地提高设计质量、优化设计方法，本书从制图方法、设计深度、设计范例及常见疑惑问题解读等几个方面，阐述了建筑电气设计的基本要求和原则。并将设计经验结合图样和相关规范标准的要求，解读每个设计环节的表示方法和设计要点，将一些重复设计的内容模块化、示范化，以提高设计效率和设计准确性。同时也提供了一些施工图的设计实例及解读，供建筑电气设计师和相关专业在校师生参考使用。

本书内容包括制图基本要求、设计文件编制深度及要求、总平面电气规划、总平面初步设计与施工图、变配电所电气、民用建筑内柴油发电机系统、配电系统及配电干线、动力设备配电、照明及控制、建筑防雷及接地设计、火灾报警系统及消防联动系统、电力线路敷设及选型、电气主要元器件的功能及选型、户外景观照明供电安全、室内照明节能措施、应急照明及供电、超高层建筑电气设计应注意的问题、建筑电气设计常见技术论述、电气设计普遍存在的问题、设计难以把握的一些问题、演艺场所电气设计要点、临时用电。

图书在版编目（CIP）数据

民用建筑电气设计技巧与实战 / 杜乐编著. -- 北京：机械工业出版社，2025.5. --（总师大讲堂）. -- ISBN 978-7-111-78258-2

Ⅰ.TU85

中国国家版本馆 CIP 数据核字第 20254JN000 号

机械工业出版社（北京市百万庄大街 22 号　邮政编码 100037）
策划编辑：张　晶　　　　　　　　　责任编辑：张　晶　张大勇
责任校对：高凯月　张雨霏　景　飞　封面设计：张　静
责任印制：张　博
北京建宏印刷有限公司印刷
2025 年 6 月第 1 版第 1 次印刷
184mm×260mm · 11.25 印张 · 239 千字
标准书号：ISBN 978-7-111-78258-2
定价：89.00 元

电话服务　　　　　　　　　　网络服务
客服电话：010-88361066　　　机　工　官　网：www.cmpbook.com
　　　　　010-88379833　　　机　工　官　博：weibo.com/cmp1952
　　　　　010-68326294　　　金　书　网：www.golden-book.com
封底无防伪标均为盗版　　　　机工教育服务网：www.cmpedu.com

前　　言

目前，建筑电气设计深度和表示方法各有千秋，设计人员对国家制图标准和设计文件编制深度理解也不尽相同，一些软件公司的制图软件也存在类似问题。虽然电气设计的图例都是按国家相关标准执行的，但是平面图、干线系统图、原理图等类型多样，而且每个设计单位的设计都有自己的不同风格，甚至同一个设计单位的表示方法也有所不同。

电气设计的图样主要是反映设计师的设计思想，通过图样为施工单位提供施工依据和施工措施，如果图样不按国家制图标准设计，有可能让施工人员误解或不能被充分理解设计意图，使施工的结果与设计的初衷产生偏差，甚至造成无法弥补的后果。

好的设计不仅要遵守国家相关的制图标准，更重要的是通过最简单的表达方式把设计思想交代清楚。不是图样越复杂、施工图说明越多就越好。之所以现在各个设计师的设计表示方法有所不同，就是因为没有统一的设计模板，但由于工程千变万化，也很难用一个统一的设计模板进行设计。

现在有很多设计师在设计中，对一些技术问题只知其然而不知其所以然，有些规范标准对问题解读也不够透彻，由此可能造成有些技术问题有多种解读，增加了设计的不确定因素。

为了更好地提高设计质量、优化设计方法，本人根据自己多年的设计经验，结合设计图样和相关规范标准的要求，解读每个设计环节的表示方法和设计要点，将一些重复设计的内容模块化、示范化，以提高设计效率和设计准确性。本书从制图方法、设计深度、设计范例及常见疑惑问题解读等几个方面，阐述了建筑电气设计的基本要求和原则。同时也提供了一些施工图的设计实例及解读，供设计师和相关专业在校师生参考使用。

由于相关规范标准不断更新，本人能力有限，书中难免有不妥之处，恳切希望读者提出宝贵的修改意见。

目　　录

前言

第一章　制图基本要求 … 1

第二章　设计文件编制深度及要求 … 5

第三章　总平面电气规划 … 12

第四章　总平面初步设计与施工图 … 17

第五章　变配电所电气 … 21

第六章　民用建筑内柴油发电机系统 … 45

第七章　配电系统及配电干线 … 51

第八章　动力设备配电 … 58

第九章　照明及控制 … 74

第十章　建筑防雷及接地设计 … 84

第十一章　火灾报警系统及消防联动系统 … 95

第十二章　电力线路敷设及选型 … 114

第十三章　电气主要元器件的功能及选型 … 123

第十四章　户外景观照明供电安全 … 129

第十五章　室内照明节能措施 … 132

第十六章　应急照明及供电 … 135

第十七章　超高层建筑电气设计应注意的问题 … 139

第十八章　建筑电气设计常见技术论述 … 143

第十九章　电气设计普遍存在的问题 … 157

第二十章　设计难以把握的一些问题 … 163

第二十一章　演艺场所电气设计要点 … 169

第二十二章　临时用电 … 173

第一章　制图基本要求

图样是设计的语言，语言如果不标准，可能就不会被人完全理解或理解错误。如果语言过于啰唆，说不清楚想要表达的意思，不仅浪费时间，还可能影响交流质量。因此，一个好的设计，首先要遵守统一的制图标准，按照国家的制图标准完成清晰的设计思路，最终才能得到较为理想的施工图。

一、术语

1. 电气总平面图：
1）采用图形和文字符号将变配电站、室外预装式变电站、发电机房、消防控制室、室外配电箱、路灯、电力电缆井、电源电缆等绘制在一个总平面图里的布置图称为电气总平面图。
2）根据工程实际情况，可绘制一个弱电系统总平面图，也可将多个弱电系统绘制在电气总平面图里。弱电系统总平面图主要绘制弱电线路路由及户外接线箱等。
2. 电气平面图：采用图形和文字符号将建筑物同一楼层的电气设备及电气设备之间的连接线缆、路由绘制在一个平面图里的布置图。
3. 详图：为了更详细地表达细部形状、尺寸、材料和做法，以较大的比例绘制出的局部详细图样。
4. 电路图：表达项目电路组成和物理连接信息的简图。
5. 接线图：表达项目组件或单元之间物理连接的简图（或表）。
6. 系统图：表达设备之间的关系的简图（或表）。

二、设计基本规定

1. 建筑电气的图线宽度（b）应根据图样的类型、比例和复杂程度，按现行国家标准《房屋建筑制图统一标准》（GB/T 50001—2017）中的规定选用。建筑电气的图线宽度（b）宜为 0.5mm、0.7mm、1.0mm。制图线宽按表 1-1 中的线宽即可，主要线路宽度为 b（按 0.5mm 考虑）；建筑轮廓线为 $0.5b$；尺寸线、文字等为 $0.25b$；填充线、家具等为 $0.25b$；折断线、波浪线为 $0.25b$。

表 1-1　各种线型的宽度及用途

图线名称		线型	线宽	一般用途
实线	粗	——————	b	本专业设备之间电气通路连接线、设备可见轮廓线、图形符号轮廓线
	中粗	——————	$0.75b$	
	中	——————	$0.5b$	本专业设备可见轮廓线、图形符号轮廓线、方框线、建筑物可见轮廓线
	细	——————	$0.25b$	非本专业设备可见轮廓线，尺寸、标高、角度等标注线及引出线
虚线	粗	— — — —	b	本专业设备之间电气通路隐含连接线；线路改造中原有线路
	中粗	— — — —	$0.75b$	本专业设备不可见轮廓线、地下电缆沟、排管区、隧道、屏蔽线、机械连锁线
	中	— — — —	$0.5b$	
	细	— — — —	$0.25b$	非本专业设备不可见轮廓线、地下管沟、建筑物不可见轮廓线等
波浪线	粗	∼∼∼∼	b	本专业软管、护套保护的电气通路连接线、蛇形敷设缆线
	细	∼∼∼∼	$0.25b$	断开界线
单点长画线	细	—·—·—·	$0.25b$	轴线，中心线、结构、功能、单元相同围框线
长短画线	细	—··—··—	$0.25b$	结构、功能、单元相同围框线
双点长画线	细	—··—··—	$0.25b$	辅助围框线
折断线	细	——⋀——	$0.25b$	断开界线

注：图样中可使用自定义图线、线型及含义，但应明确说明。

2. 电气总平面图和电气平面图及详图宜采用三种及以上或不同的线型和不同的线宽绘制，其他图样宜采用两种及以上的线宽绘制，线宽太多图面太乱。

3. 图样比例要求见表 1-2。

表 1-2　图样比例要求

序号	图名	常用比例	可用比例
1	电气总平面图、规划图	1:500、1:1000、1:2000	1:300、1:5000
2	电气竖井、设备间、电信间、变配电室等平面图、剖面图	1:20、1:50、1:100	1:25、1:150
3	电气平面图	1:50、1:100、1:150	1:200
4	电气详图、大样图	10:1、5:1、2:1、1:1、1:2、1:5、1:10、1:20	4:1、1:25、1:50

注：一般情况下，一个图样应选用一种比例。选用两种比例时，应做说明。

4. 标注要求：

1) 用电设备宜在其图形符号附近标注用电设备的额定功率、编号。

2）电气箱（柜、屏）应在其图形符号附近标注设备参照代号或编号，还宜标注设备安装容量。

3）照明灯具应在其图形符号附近标注灯具的数量、容量、安装高度、安装方式。宜标注灯具型号、光源种类（有图例说明的可以不标）。

4）建筑电气路由的标注应符合下列规定：

①强电路由应在线路上（或线路引出线上）标注线缆（回路）编号、敷设方式、敷设部位、线缆规格（使用的线缆型号规格及敷设方式在说明中有交代的可以不标）。

②弱电路由宜在线路上（或线路引出线上）标注本系统的标识符号、线缆（回路）编号、线缆型号、线缆根数、线缆导体截面面积、敷设方式、敷设部位（使用的线缆型号规格及敷设方式在说明中有交代的可以不标）。

③封闭母线、电缆桥架、线槽宜在路由上标注其规格、外形尺寸及安装高度。

5. 配电箱编号要求：配电箱按楼层编号，地下 N 层，配电箱为 $-N×××$；地上 N 层为 $N×××$；电源由某个配电箱引来的配电箱（如 $N×××$，那么该配电箱编号为 $N×××-1、2、3……$，标注电源引自的配电箱作为前缀很容易找到配电系统中配电箱之间的关系。配电箱、住宅户箱等一眼能看清楚的可以不标前面的序号。

三、制图基本规定

1. 同一个工程项目所用的图纸幅面规格宜一致。

2. 同一个工程项目所用的图形符号、文字符号、术语、图线、字体、绘图表示方式等宜一致。

3. 图样上本专业的文字标注字高不应小于 3mm，字母或数字标注字高不应小于 2.5mm。图样上的所有标注文字宜统一高度和字体。

4. 文字说明：

1）有关项目的共性问题，施工图阶段宜在设计施工总说明里集中描述。

2）图样中的局部问题，宜在本张图样内以附注形式予以说明。

5. 各设计阶段建筑电气图样的内容，应符合《建筑工程设计文件编制深度规定》的要求。

6. 设计图样宜按下列规定进行排列：图样目录、使用标准图目录、设计施工说明、主要设备表、图形符号（在一张图上按自上而下、从左向右的顺序布置）。

7. 设计图样宜按下列规定进行排列：

1）建筑电气系统图、平面图、放大图、剖面图、详图、通用图等。

2）建筑电气系统图宜按强电系统、弱电系统等依次编排。

3）电气平面图应按由低向高依次编排。

8. 电气总图宜按图样目录、使用标准图目录、设计施工说明、主要设备表、图形符号、电气总平面图、电缆路由纵断面图、电气井剖面示意图、详图等依次编排。

9. 同一张图内绘制多个图样时，宜按下列规定布置：

1）绘制多个平面图时，应按建筑层由低层至高层、由下而上的顺序布置。

2）既有平面图又有剖面图时，应按平面图在下，剖面图在上或在右的顺序布置。

3）放大图、详图，宜按索引编号，并宜按从上至下、由左向右的顺序布置。

4）每个图样均应在图样下方标注出图名，图名下应绘制一条中粗横线（0.7b），长度宜与图名长度相等，图样比例应标注在图名后中粗横线上侧处。

例如：N 层电气平面图的图样正下方标注为 "N 层电气平面图 1∶100"。

10. 图样中某些问题需要用文字说明时，宜在图签栏的上方用"附注"的形式书写。

11. 指北针或风玫瑰图宜绘制在电气总平面图的右上角。

12. 建筑电气防雷接地平面图应绘制出屋面（基础）形状、伸缩缝或沉降位置、屋面外露金属导体等，防雷装置的安装位置及电气通路；接地平面图应在基础图上绘制，如有个别有接地要求的设施可以用虚线绘出。

13. 干线系统图应绘出干线路由的竖井（或配电间）及所有配电箱，并注明用途、符号、功率及配电箱之间的导线规格及敷设方式。另外应绘出竖井平面布置图，如配电箱嵌墙安装时，应给建筑和结构工种提供留洞（含墙和楼板）资料。

14. 控制箱二次原理图如选用标准图，可选用地方标准和国家标准，外省工程应选用国家标准。选型要准确，不要只看名称符合就选，还需注意原理图的备注及说明。

15. 图样中本专业内容不能太少，本专业的内容应占有效图样75%以上。

16. 图例符号应大于5mm，保证图例的字能够看清楚，图例的字高应不小于2.5mm，否则不要在图例中标注文字。

第二章　设计文件编制深度及要求

一个好的设计文件，首先要满足国家相关标准和设计深度要求，同时也要符合国家相关制图标准和遵循传统的设计及制图习惯。为了设计师更好地掌握设计文件编制深度及要求，下面提供了施工图设计阶段的设计文件编制要求和施工图设计说明要求。

一、施工图设计阶段的设计文件编制要求

施工图设计首先要遵守国家《建筑工程设计文件编制深度规定》《房屋建筑制图统一标准》《建筑电气制图标准》和有效版本的国家及地方标准和规范。

在施工图设计阶段，建筑电气专业设计文件图样部分应包括封面、目录、施工图设计总说明、设计图（系统图、平面图、详图）、主要设备表及电气计算书［总负荷计算、各变压器负荷计算、消防负荷计算、备用电源负荷计算（如果备用电源采用柴油发电机时还应考虑大功率的启动电流）、干线计算、防雷计算、照明计算、节能计算］等。

图样目录应按传统习惯排序：先强电后弱电。强电排序应为施工图设计总说明、高低压配电系统图、变电所平（剖）面图、干线系统图、配电箱系统图、平（剖）面图、接地平面图、防雷平面图等。弱电排序应为施工图设计总说明、干线系统图、系统结构图、主要设备表、平（剖）面图、安装详图等。图样序号排列除按上述顺序外，还应先排新绘制图样，后排选用的重复利用图和标准图。

二、施工图设计说明要求

施工图设计说明是对施工图的补充，施工图设计说明首先要描述设计的项目总概况，通过设计说明能够了解整体的设计原则和设计情况。其次要交代图样设计中无法表达或难以交代清楚的技术节点和实施措施。另外，为了简化设计，平面图设计相同的标注等问题可以进行统一说明，不再在后面的设计图样中标注或表达，还应说明各系统的施工要求和注意事项（包括线路选型、敷设方式及设备安装等）。

现在有的电气施工图设计说明把相关规范的相关内容罗列了一大堆，针对性不强，规范一般只是对技术问题提出要求，没有具体的实施措施，这就需要在设计说明中加以明确。

为了更好地使设计师掌握设计说明的详细结构和需说明的内容，提供以下施工图设计说

明要求以供参考。

(一) 施工图设计说明要求概况

施工图设计说明应包含项目概况、设计依据、设计范围、设计系统（内容）的概况、设计统一交代的技术要求及施工应注意事项。

设计依据：主要是用来确定负荷等级、确定供配电方式、确定线路规格及敷设要求、确定火灾报警系统及电气消防系统、确定防雷类别、确定照明照度等所引用执行的相关国家规范及设计标准的有效版本，以及工程所在地的地方相关规定及技术资料。

设计范围：主要是明确所要完成的施工图设计系统及内容，包括设计范围划分界线和设计深度等。

设计内容：主要是对设计范围内的设计进行细化，详细说明需要设计的系统、设计内容及主要设备选型。

设计范围和设计内容一旦确定，施工图设计时就必须按设计范围和设计内容设计出相应的施工图。

设计说明引用规范要求：引用规范不能将规范条款全文照抄，应依据引用的相关规范条款结合设计实际情况进行说明。例如：人员密集场所应设疏散照明，这句话没有说明哪些场所是人员密集场所，因此就需要明确哪些场所是人员密集场所。可以这样写：多功能厅、餐厅等场所属于人员密集场所，应设疏散照明，其照度大于3lx。

正确理解规范中的"应符合下列规定"与"应符合下列规定之一条（或其中几条）"的不同。"应符合下列规定"是指必须同时满足下列所有条款。"应符合下列规定之一条（或其中几条）"是指只要满足下列条款中的一个条款（或几个条款）就能满足要求，不必满足所有条款。

(二) 设计说明基本内容

1. 项目概况：地理位置、建筑类别（主要是防火类别，如一类、二类等）、结构形式（砌体结构、框架剪力墙结构、钢结构等）、用途和功能（如商业、住宅、办公、医院等）、面积、高度（建筑最高点高度）、层数（地下层数，地上层数）、主楼概况、裙房概况等。有多个子项时也应按工程概况要求分别说明各子项概况。

2. 设计依据（资料基本内容）。

1) 审批后的初步设计文件。

2) 可能遵循和执行的现行版本标准和规范，地方标准有特殊要求的也应罗列地方标准。本工程设计采用的主要标准及法规应包括标准的名称、编号、年号和版本号。

3) 建筑专业提供的平、立、剖面图，水、暖专业提供的用电设备负荷及控制要求，以及工艺提供的技术要求。

4）建设单位提供的有关部门认定的工程设计资料（如供电、电信、消防等部门提供的容量及进线方位文件）。

5）建设单位设计任务书及设计要求。

3. 设计范围（设计基本内容）。

施工图的设计内容应遵循初步设计，按照建设单位的设计任务书编制本专业的设计内容，下列内容可根据实际设计内容进行增减。

1）强电设计内容：变配电系统、照明系统、动力配电及设备控制配电主回路系统、防雷接地系统、航空障碍灯。

2）弱电设计内容：火灾报警系统、消防联动系统、电气消防系统（电气火灾报警系统、防火门监控系统、消防电源监控系统、应急照明疏散系统）、综合布线系统（网络、电话、电视）、建筑设备控制系统、视频监控、安全防范（周界防范、巡更系统、门禁系统、车库管理系统等）、楼宇对讲、电梯五方通话等。如果建设单位设计委托要求信息网络系统插口仅配合预留到机房或弱电竖井时，可在设计范围里说明。

3）电气节能及环保措施：弱电系统设计内容应根据设计合同确定。

4）设计配合及分工界面：如果该工程设计不包括装修设计，设计配合说明应明确分工界面，具体可参照如下说明：本设计只提供本设计范围内的供电及应急疏散照明设计，照明及插座等配电设计由二次装修单位负责，因二次装修设计引起的配电及照明变化由二次装修单位全权负责变更。景观照明只留电源，其末端配电箱及控制系统由景观设计单位负责。外立面照明、智能化等需要另行委托专项设计时，工艺设计的分工与分工界面应明确说明本设计只提供电源，其他需另行委托。

（三）建筑电气各系统详细设计内容（应包括建筑电气各系统的主要指标）

1. 变、配电系统。

1）应分类说明各类电气设备（包括消防设备、非消防设备及人防设备）的负荷等级和各等级负荷容量；负荷等级分为特别重要负荷、一级负荷、二级负荷、三级负荷等。有特殊电压要求的负荷也应明确。

2）应说明供电电源来源（位置及电气系统）、线路路由及敷设方式（直埋、沿桥架、走电缆沟、走排管等）。

3）应说明备用电源和应急电源容量及设计方案（柴油发电机、EPS、UPS等）。

4）应说明高、低压配电系统接线形式及运行方式（母线分段或不分段、计量方式、保护方式及控制电源电压）；母线联络开关运行和切换方式要求；正常工作电源与备用电源之间的关系（热备、冷备）；重要负荷的供电方式（专线放射式、树干式等）。

5）继电保护：应明确高压配电的二次保护选型及要求，明确是微机保护还是传统继电保护，明确是否带运行管理后台。

6) 应说明变、配电室的位置,设备技术条件和选型要求(变压器、高压配电柜、低压配电柜的选型);变压器及发电机的台数、容量及负载率等,可列表格表示,形式可参见表 2-1、表 2-2。

表 2-1 变压器装机容量选型计算表

序号	变压器编号	设备容量/kW	变压器利用率	功率因数 cosφ	计算负荷 有功/kW	计算负荷 无功/kvar	计算负荷 视在/kVA	变压器容量/kVA
1	1#	1821	0.71	0.95	1695	551	1782	2500
2	2#	1914	0.72	0.95	1713	565	1804	2500
3	3#	2006	0.81	0.95	1227	390	1288	1600
4	4#	2057	0.83	0.95	1262	408	1325	1600
5	变压器合计装机总容量							8200

表 2-2 发电机装机容量选型计算表

序号	发电机编号	设备容量/kW	发电机利用率	功率因数 cosφ	计算负荷 有功/kW	计算负荷 无功/kvar	计算负荷 视在/kVA	发电机容量/kVA
1	1#	1821	0.71	0.95	1695	551	1782	1600
2	2#	1914	0.72	0.95	1713	565	1804	1600
3	发电机合计装机总容量							3200

7) 操作电源和信号:应说明高、低压设备的操作电源(交流或直流,如果是直流,说明直流电源容量),以及运行信号装置配置情况。

8) 电能计量装置:采用高压或低压;专用柜或非专用柜(满足供电部门要求和建设单位内部核算要求);监测仪表的配置情况,明确是否带运行管理后台。

9) 功率因数补偿方式:补偿容量、采取的补偿方式及补偿后的结果(高压补偿、低压补偿、就地补偿、共补还是分补、电容器分组情况及切换控制方式等)。

10) 谐波治理:说明谐波状况及治理措施(有源滤波还是无源滤波、设置位置等)。

11) 负荷计算:根据设备安装容量,计算有功、无功、视在功率,确定变压器的装机容量。变压器容量为各同类负荷计算的和,乘以同期系数,同期系数为 0.93~0.97。该条款可不在总说明中表述,可以表格的形式说明,将计算结果写入变压器装机容量选型计算表和发电机装机容量选型计算表中即可。

12) 变压器和发电机选型计算表。

①各设备组负荷计算公式如下:

有功功率:$P_{js} = K_x P_e$

无功功率:$Q_{js} = P_{js} \tan\phi$

视在功率:$S_{js} = \sqrt{P_{js}^2 + Q_{js}^2}$

式中 P_e——设备额定功率;

K_x——同类设备的需要系数；

P_{js}——计算有功功率；

Q_{js}——计算无功功率；

S_{js}——计算视在功率。

②无功功率补偿计算：

$$Q_c = P_{js}(\tan\phi_1 - \tan\phi_2)$$

式中 Q_c——无功补偿功率；

P_{js}——计算有功功率；

$\tan\phi_1$——补偿前功率因数角的正切值；

$\tan\phi_2$——补偿后功率因数角的正切值。

③变压器装机容量选型计算表（无功功率为补偿后的值）见表2-1。

④发电机装机容量选型计算表（无功功率为补偿后的值）见表2-2。

2. 配电系统及电气设备控制。

1）供电方式：说明供配电系统接地形式（TN-C-S 系统、TN-S 系统、TT 系统、IT 系统等）。

2）供配电线路：导线选择，主要选择导体材料（铜芯或铝合金）、绝缘及护套材料［矿物绝缘、耐火、阻燃、低烟无卤、燃烧滴落物/微粒等级（d0、d1、d2）、烟气毒性等级（t0、t1、t2）等参数］、敷设方式［直埋、排管、电缆沟、埋板暗敷（或明敷）、沿墙暗敷（或明敷）、电缆桥架等］。

3）简要叙述开关、插座、配电箱、控制箱等配电设备选型及安装方式（落地、挂墙、暗装、明装等）。

4）电动机启动及控制方式的选择（直接启动、变频、软启动、星-三角启动等）。

5）应说明与相关专业的技术接口要求；如通信接口参数、安装要求等。

3. 照明系统。

1）主要场所照度值、统一眩光值、照度均匀度、显色指数等指标，可列表表示，见表2-3。

表2-3 主要场所照度值、统一眩光值、照度均匀度、显色指数指标

房间或场所	照度值/lx	统一眩光值（UGR）	照度均匀度（U_0）	显色指数（R_a）
普通办公室	300	19	0.6	80
高档办公室	500	19	0.6	80
多媒体阅览室	300	19	0.6	80
一般商业营业厅	300	22	0.6	80
高档商业营业厅	500	22	0.6	80

2）光源、灯具及附件的选择，照明灯具的安装，配电系统及控制方式。

3）室外照明的种类（如路灯、庭院灯、草坪灯、地灯、泛光照明、水下照明等）、电压等级、光源选择、配电系统（接地形式：TN-C-S、TT）及其控制方式（自熄开关控制、光控、集中控制、智能控制等）等。

4）对有二次装修照明和照明专项设计的场所，应说明照明配电箱设计原则，是仅预留电源还是出线回路设计到位。即使有二次装修也应说明应急照明的设计原则，且应设计应急照明配电箱系统。

5）应急照明的说明部分应说明不同场所应急照明的照度值、电源形式（集中电源、非集中电源）、灯具配置（A类、B类）、控制方式、电源带负荷持续时间（该持续时间应除去应急启动前的运行时间）等。

4. 电气节能及环保措施。

1）拟采用的电气节能和环保措施（分功能区配电、声光控、智能控制等措施）。

2）表述电气节能、环保产品的选用情况（主要设备：变压器、光源等）。

5. 绿色建筑电气设计。

1）建筑电气设计所达到的绿色建筑技术指标。

2）建筑电气节能与能源利用设计内容（节能措施、光伏发电等）。

3）建筑电气室内环境质量设计内容（空气质量检测及联动控制排风机等）。

4）建筑电气运营管理设计内容（能源管理、智慧运维系统平台等）。

6. 防雷说明（也可附在相应防雷设计图上）。

1）依据建筑类别及防雷计算的年雷暴日确定建筑物防雷类别及建筑物电子信息系统雷电防护等级。

2）防直接雷击、防侧击、防雷击电磁脉冲等的措施（利用建筑柱筋、沿外立面敷设防侧击雷避雷带等）。

3）当利用建筑物、构筑物混凝土内钢筋做接闪器、引下线、接地装置时，应说明采取的措施和要求。当采用专用引下线时应说明引下线的设置方式和要求。

4）当利用金属屋面做防雷接闪器时，应注明金属屋面的材质及厚度，并应说明金属屋面与引下线的连接措施。

7. 接地及安全措施（也可附在相应的平面图上）。

1）各系统要求接地的种类及接地电阻要求（综合接地电阻为1Ω）。

2）有等电位要求的地方应说明等电位的实施措施，有安全接地及特殊接地要求的应说明实施措施。

3）当接地装置需做特殊处理时应说明采取的措施、方法等。

4）接地装置中采用不同材料时，应考虑电化学腐蚀对接地产生的不良影响。为了防止电化学腐蚀，当利用建筑物基础作为接地装置时，埋在土壤内的外接导体应采用铜质材料或不锈钢材料，当采用热浸镀锌钢材时，应采用混凝土包裹。

8. 图例符号：应包括设备名称、型号及安装方式等信息，可以以表格的形式表达，见表 2-4。

表 2-4　图例符号

序号	图例	名称	型号	安装方式	备注
1		照明配电箱	见原理系统图	见原理系统图	
2		双电源照明配电箱	见原理系统图	见原理系统图	
3		动力配电箱	见原理系统图	见原理系统图	
4		双电源配电箱	见原理系统图	见原理系统图	
5		控制箱	见原理系统图	见原理系统图	
6		单管荧光灯	1×28W	链吊 $L=0.5m$（车道 吸顶）	
7		双管荧光灯	2×28W	链吊 $L=0.5m$（车道 吸顶）	
8		悬挂灯	75W 金卤灯	杆吊 $L=0.5m$	
9		吸顶灯	PAK-D01-110T	吸顶	
10		防水防尘荧光灯	1×28W	距地 2.5m	
11		安全出口灯	见智能消防安全疏散系统图	吸顶或门上 0.1m	
12		疏散标志灯	见智能消防安全疏散系统图	距地 0.5m	
13		事故应急照明灯	见智能消防安全疏散系统图	距地 2.4m	
14		单联单极开关	KP86K11-10	距地 1.3m	
15		双联单极开关	KP86K21-10	距地 1.3m	
16		三联单极开关	KP86K31-10	距地 1.3m	
17		四联单极开关	KP86K41-10	距地 1.3m	
18		二三极两用插座	KP86Z223A10 安全型	除电井设备机房距地 1.3m 外其余距地 0.3m	设备机房带防溅盖
19		三极插座（烘手器用）	KP86Z223K16 安全型	距地 1.5m	

第三章　总平面电气规划

总平面电气规划设计一般是对新建的建筑群区域进行方案设计，其主要是对电力、通信网络等进行规划方案设计。规划阶段的电气说明主要对电气规划设计方案的要求及措施进行叙述。规划阶段的电气设计文件一般只出电气说明，不出图样。如果规划阶段需要设计图样时，强电图样也只标出用电点及其负荷和线路路由，弱电图样只标信息点和线路路由。

一、电气方案说明要求

1. 工程概况：一般引用规划工种的工程概况，并按电气工种的需求条件进行完善。

2. 设计范围：设计范围包含了设计内容，设计范围是指电气工种所涉及的供配电区域和范围，设计内容是指本工程拟设置的供配电系统和弱电系统。

3. 变、配、发电系统（变、配、发电系统是电气工种必不可少的设计内容）：

1）负荷级别以及总负荷估算容量（根据规划区域内的建筑规模和用途性质确定负荷等级，根据每个单体建筑、公共设施及总体道路景观的用电，计算出总用电装机容量）。

2）电源：城市电网拟提供电源的电压等级、回路数、容量及区域变电站名称（根据该规划区域的用电负荷等级及总用电装机容量，提出供电电源及 10kV 供电电源回路数要求，结合周边市政电网情况确定电源引自的区域变电站及回路数）。

3）拟设置的变、配电所数量和位置及设置原则［根据规划平面布置按变电所布置原则设置变电所的位置和数量，变电所布置的主要原则是变电所的供电半径不宜超过 300m，有较大功率设备（50kW 以上）不宜超过 200m，景观道路用电不宜超过 800m。变电所位置应设置在负荷相对集中的地方］。

4）确定备用电源和应急电源的形式、电压等级、容量，一般根据备用负荷大小及重要性确定备用电源是采用市政电源，还是采用发电机或 UPS 电源等。

4. 高低压线路敷设：高低压线路敷设主要是指供电线路的路由情况，一般是指敷设方式和电缆选型。敷设方式包括综合管沟、电缆沟、排管、直埋，电缆选型一般都选铠装电缆。有时顺便说明一下弱电线路的路由情况。规划线路敷设方式时宜按下列要求确定：当同一路径的电缆根数小于或等于 8 根，场地有条件时，可以直埋；同一路径的电缆根数为 9 根以上 18 根以下或道路开挖不便且电缆需分期敷设时，宜采用电缆沟布线；当电缆根数为 18 根及以上时，宜采用电缆隧道布线；在不宜直埋或设置电缆沟的地段可采用排管敷设，采用排管敷设的同一路径电缆根数不宜超过 12 根。

5. 道路照明及景观照明（根据规划道路的不同用途说明不同道路的照明方式，景观照明根据设计范围要求情况进行说明）。

6. 电气节能及环保拟采取的措施（拟采用的节能产品和节能控制措施）。

7. 绿色建筑电气设计的内容及采取的措施（光伏发电、资源利用等）。

8. 建筑电气专项设计（如智能化设计：智能化各系统配置内容、智能化各系统与城市公用设施的接口需求）。

二、总平面电气规划设计图样要求

如果规划阶段需要电气工种出图，图样应标注变配电所（箱式变电站）的位置及装机容量，标注强弱电线路的路由，标注各道路、单体建筑的名称和用途，图样必须要有比例和指北针等。

三、节能措施、绿色建筑及建筑电气专项

1. 节能措施。高低压供电尽量缩短供电线路，减少线路损失，变电所靠近负荷中心设置，季节性负荷尽量采用独立变压器供电，不用电时切除变压器，以减少变压器的空载损耗，采用低压无功补偿措施，提高功率因数，降低变压器的装机容量。

景观照明控制采用时间与光控相结合的方式，照明模式分为三种，平时模式、一般节日模式及盛大节日模式，这样可以产生景观照明的视觉变化，突出节日气氛，同时也达到节能效果。

2. 绿色建筑电气设计。可根据需要设置光伏发电和冷热电三联供的利用等。

3. 建筑电气专项设计。配合各单体设计预留智能化户外线路的路由管沟。

四、总平面电气规划设计说明及图样示例

1. 规划依据（列出所需的规范、标准及规划）。
1)《×××　×××旅游休闲度假区电力专项规划》。
2)《城市电力规划规范》（GB 50293—××××）。
3)《电力工程电缆设计标准》（GB 50217—××××）。
4)《城市居住区规划设计标准》（GB 50180—××××）。
5)《供配电系统设计规范》（GB 50052—××××）。
6)《通用用电设备配电设计规范》（GB 50055—××××）。
7)《建筑电气与智能化通用规范》（GB 55024—××××）。
8)《民用建筑电气设计标准》（GB 51348—××××）。

2. 规划目标。

根据该度假区的建筑用途性质、居住人口规划、社会经济发展需求及该度假区的用地布局和地区电力系统中长期规划，结合城市供电部门制定的城市电网建设发展规划要求，从而达到度假区电力系统规划结构合理、安全可靠、运行经济的目标。电信、数据宽带网、有线电视网、区域内智能网等规划能够满足日益发展的信息传输需求。

3. 电力工程。

1）现有市政电力规划的 10kV 开闭所能够满足该旅游度假区的需求，规划区的中压等级配网采用 10kV，主供电源引自邻近规划的 10kV 区域开闭所。

2）用电预测根据负荷性质、规模、各项设施的级别、综合发展水平、气候特点等因素，考虑到今后发展的需求，规划区的负荷按规划上限计取，10kV 变配电所变压器容量按所供电源负荷选取。预测结果详见电力、电信分类控制指标及容量一览表。

3）规划区内市政已规划了 110kV 变电站两座（××× ×××区域的 2#变电站、3#变电站），10kV 开闭所 6 座（××× ×××区域的 8#、9#、10#、11#、13#、14#开闭所）。本次规划室外箱式变配电站 12 座（B1~B12），10kV 配电站 6 座（P1~P6），室内变电所 42 个，总容量 96450kVA。

4）10kV 开闭所至各变配电所和箱式变电站、10kV 配电站至各变配电所和箱式变电站的 10kV 线路采用 YJV22-10kV 型的交联电力电缆，供电形式采用放射式和环网供电的模式，一级负荷的用电单位的两路 10kV 电源应分别从"××× ×××的 2#变电站"和"××× ×××的 3#变电站"开闭所引出。低压配电采用 YJV（F）22-0.6/1kV 辐照交联铜电缆，由变配电所放射式与树干式相结合的供电方式。供电等级较高的特别重要负荷的建筑还应设自备柴油发电机组提供第三路电源。

5）规划区内的所有电力线路采用地下式敷设，同路径的线路敷设在同一沟道中，与市政规划和本次规划设计的电缆沟路径方向一致的电力电缆应敷设在规划的电缆沟内。无规划的电力电缆沟处，采用直埋敷设方式。

6）规划区内路灯及景观照明可由就近箱式变配电站供电，各规划单元内的庭院灯及景观照明由各区域的变配电站供电。路灯集中控制，各区域内的庭院灯及景观照明采用各区域集中控制。道路照明的干线应与规划区内线路同期建设，线路采用埋地敷设方式。

7）电力线路原则上沿道路两侧敷设，与电信线路分侧布置。电力管道一般布置在道路西侧和北侧的人行道下。设计规划电缆沟道为 1.4m（宽）×1.8m（深）。

4. 电信工程。

1）根据规划区内的用户性质、规模，参照电信规划相关标准，考虑其他信息类家电逐步普及的用户模式特性，进行电信控制计算指标及用户配线预测，结果详见电力、电信分类控制指标及容量一览表。

2）规划区的电信配线引自邻近规划区的市话交接箱。

3）规划区内的通信网及对外网将向"三网合一"（是指电信网、广播电视网和计算机通信网的相互渗透、互相兼容,并逐步整合成为统一的信息通信网络)的宽带综合业务数字网方向发展。

4)电信传输以光纤环网为主体,采用光纤用户接入单元(ONU)。也可以采用交接配线方式,由交接箱或 ONU 引出用户直配线。规划区内设电信配线交接箱或 ONU 点 17 处(J1~J17),总容量 22570 线。

5)电信传输光纤干线沿市政规划管沟敷设,交接箱引出的分支线缆采用埋地穿排管或梅花管敷设。设备尽量安装在附近建筑内,如有困难也可安装在户外,但应有防水、防尘、防虫等措施,箱体采用落地式(底座应高于地面 200mm 以上)。

6)电信、网络、有线电视等系统共存时,信息传输线均采用同一线位,同沟敷设,电信线路的管位应预留其他信号线路所需管孔。有线电视网、计算机数据宽带网等信息线路及设备布点参见电信布点。

7)与电力线路平行布置的电信线路之间应有足够的间距以满足电磁兼容性要求。沿道路敷设的线路与电力线路分侧布置于道路两旁。新建道路、建筑物均应预留电信线路通道和管位。通信管道一般布置在道路东侧和南侧的人行道下。除市政规划的电信等管沟外,本次设计规划的通信等线路管沟为 4×φ150+4×(5×φ32 梅花管),距道路红线为 1~2m,埋深控制在 0.8~1.6m。

5. 电力、电信分类控制指标及容量一览表见表 3-1。

表 3-1　电力、电信分类控制指标及容量一览表

序号	地块名称	地块编码	负荷计算指标/(VA/m²)	变压器装机容量/kVA	电信配线密度/(线/m²)	电信配线量/条
1	商务办公区	1-2-1	100	2000	1/25	2400
2	商务办公区	1-2-2	100	10000	1/25	4000
3	商业区	1-3-1	150	10000	1/40	6000
4	酒店及住宅	2-1-1	15kW/户	630	2 线/户	54
5	酒店及住宅	2-1-2	15kW/户	1000	2 线/户	40
6	酒店及住宅	2-1-3	15kW/户	500	2 线/户	25
7	酒店及住宅	2-1-4	15kW/户	500	2 线/户	58
8	酒店及住宅	2-1-5	15kW/户	500	2 线/户	58
9	酒店及住宅	2-1-6	15kW/户	630	2 线/户	74
10	高端办公区	2-2-1	90	2000	1/25	960
11	度假酒店	2-3-1	120	2000	1/25	490
12	博物馆	2-4-1	120	1260	1/50	210
13	枣园风情谷	2-5-1	60	3200	1/100	645
14	国际会议中心	3-1-1	120	6800	1/100	875
15	国际演艺中心	3-2-1	120	3200	1/100	776
16	商业中心	3-3-2	180	8900	1/40	1230
17	高端酒店式公寓	3-3-3	100	2000	1/100	928
18	高端酒店式公寓	3-3-4	100	7600	1/100	675
19	高端酒店式公寓	3-3-5	100	8400	1/100	630
20	高端酒店式公寓	3-3-6	100	6300	1/100	1080
21	高端酒店式公寓	3-3-7	100	2500	1/100	648
22	高端酒店式公寓	3-3-8	100	2500	1/100	675
23	景观式酒店	3-5-1	100	4500	1/30	1840

6. 总平面电气规划图示例如图 3-1 所示（该示例仅为工程的局部平面规划图）。

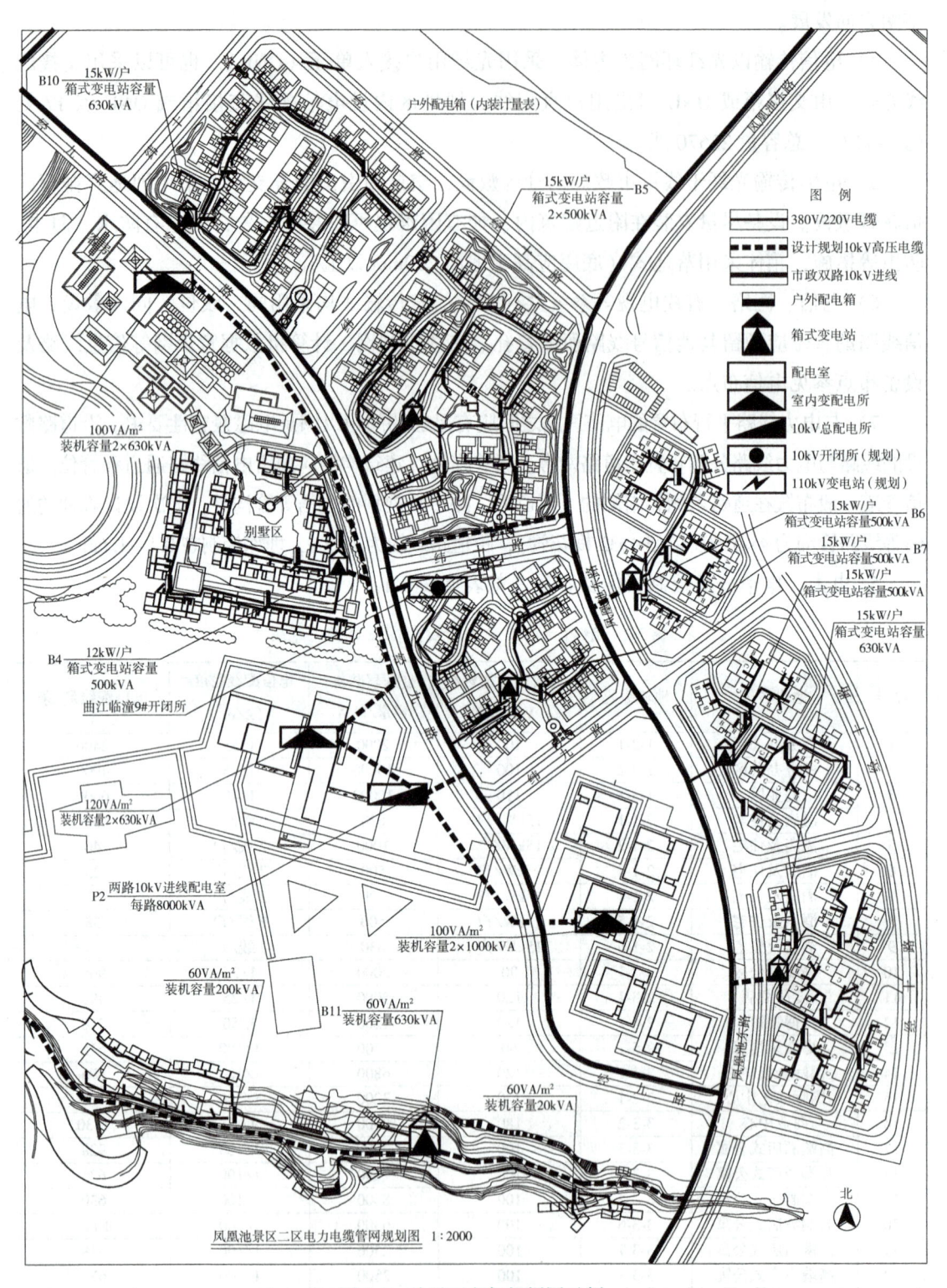

图 3-1　总平面电气规划图示例

第四章　总平面初步设计与施工图

一、总平面初步设计

总平面初步设计阶段，建筑电气专业的设计文件应包括设计说明书（Word 文件）、设计图样、主要电气设备表（可以与说明放到一起）、计算书（Word 文件，如果总体有箱式变电站设计就要有负荷计算书）。电气专业在总平面初步设计阶段，一般不包括单体设计内的配电系统，总体道路及景观照明用电的户外箱式变电站应包含在总体设计范围内。

（一）总平面初步设计的设计说明内容（Word 文件）

总平面初步设计阶段的设计说明主要介绍高低压配电系统及线路敷设方式要求，道路照明及景观照明设计情况，供电、控制及安全保护措施等。

（二）总平面初步设计设计说明示例

1. 供电电源及供电方式：在动力站设 10kV 开闭所，各单体建筑内设变配电室。从城市区域变电站不同母线段引来二路 10kV 电源，采用电缆埋地方式敷设至 10kV 开闭所，10kV 开闭所至各单体建筑采用双线双环式环网配电系统。计量采用高供高计，各单体建筑内根据业主不同使用要求在低压侧设分电度表计量，低压供电采用 TN-S 系统。高压线路采用 YJV32-10kV 电力电缆埋地敷设，低压配电线路敷设在电缆沟或地下车库电缆桥架，过道路或穿墙应穿钢管保护。

2. 庭院照明：主要道路照明采用高杆庭院灯，绿化区小道照明采用低庭院灯，采用 LED 光源，色温为 3500K。户外灯光在值班间集中控制。户外照明线路采用 YJV-1kV 电力电缆穿 PE 管埋地敷设，与热力管沟交叉时走下方。

3. 宽带网络、有线电视系统、电话系统、保安监控系统等弱电线路敷设采用七孔梅花管。

（三）总平面电气初步设计图要求

总平面电气初步设计图应包括以下内容。

1. 比例，指北针，建筑物、构筑物名称，户外配电箱用电容量，高低压线路及其他系统线路路由走向、建筑物的电源进出线路位置、回路编号、线缆型号规格及敷设方式，路灯、庭院灯的杆位（路灯、庭院灯可不绘供电线路）。

2. 变、配、发电站位置、编号、容量。

（四）总平面初步设计示例

总平面初步设计与总平面施工图设计基本相同，只是初步设计不标注导线敷设及详图。

二、总平面施工图设计

（一）设计说明内容（附在图样上）

施工图设计说明主要对通过审批的初步设计（或方案设计）的内容进行深化说明，对施工图中的通用问题和要求进行具体化、详细化的说明，还需阐明工程概况、设计范围。如需要还应列出用电负荷统计表及电缆敷设明细表。

（二）设计图样要求

1. 在施工图设计阶段，设计文件图样部分应包括图样目录、设计说明、设计图、主要设备表、用电负荷计算书（如果不含变配电所设计可不出计算书）。

2. 图样目录：应分别以高低压配电系统图、供电系统图（构架图）、平面图等顺序排列，先列新绘制图样，后列重复利用图和标准图。

3. 设计图样内容及表达深度要求：

1) 标注建筑物、构筑物名称或编号、层数，注明各处标高、道路、地形等高线和用户的安装容量及各用电单体的电源进出线路位置。

2) 标注变配电站位置、编号，变压器台数、容量，发电机台数、容量，室外配电箱的编号（或型号）。

3) 室外照明灯具的位置、型号规格、功率、安装要求、重复接地要求，如果利用标准图集应备注标准图集号及引用的页码。

4) 电缆线路应标注线路走向、回路编号、敷设方式（隧道、电缆沟、排管、直埋等）、人（手）孔位置（人孔做法可应用标准图集）。

5) 应标注比例、指北针。图中未表达清楚的内容可随图做补充说明。

6) 总体电气施工图设计说明、电缆沟剖面及电缆表和总体电力线路路由图如图 4-1、图 4-2 所示。

电气说明

1. 设计范围：本设计包含高、低压供电线路及路灯照明（不含景观照明），景观照明仅提供电源。
2. ▆▆▆▆表示为电缆沟，详见剖面；□表示为检修井，具体做法参见全国通用图集94D164-28页，有覆盖层电缆沟，浮土厚为300mm，电缆沟在转角处做检修井或在施工困难处加人孔。━━━表示10kV线路，━·━·━表示10kV沿地下车库桥架敷设线路，━━━━表示低压线路，══════表示沿地下车库桥架敷设的低压线路。
3. 电缆沟应采取防水措施，其底部应做坡度不小于0.5%的排水沟。积水可直接接入排水管道。
4. 直埋电缆底部垫砂，电缆上部加砖保护，穿道路及过水泥地面应穿钢管保护，保护管应伸出路基1m。直埋电缆穿越道路敷设参见94D164-12页，与热力沟交叉敷设参见94D164-13、14页，与一般管道交叉见94D164-15页。
5. 电缆的具体型号及规格见有关单体电气设计图样。
6. 景观照明的供电电源待景观设计后再定。
7. ⌖表示路灯，灯具型号为DS-K603H，每个灯具均应设熔断器，熔断器型号为RL6-4A，所有灯具应与PE线可靠连接，PE线不得与零线混接；导线型号为YJV22-1kV-5×16。
8. 总变电由市供电局设计院设计，其低压出线回路编号待设计完成后再定。
9. 所有车库内电力电缆均为电缆桥架内敷设，桥架规格见图示。桥架在穿防火墙或防火分区处应用防火堵料密封。
10. 监控中心及路灯电源由总配电所提供。
11. 说明中未提到之处见有关图样附注，或按国家有关规范执行。

A、B、G段电缆沟剖面 1:50

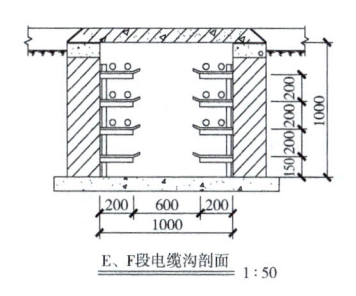

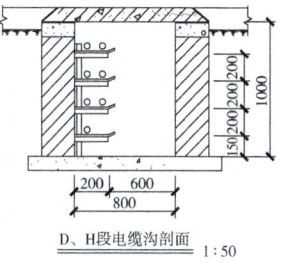

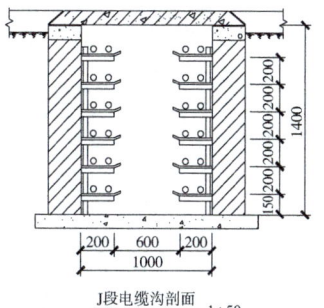

C段电缆沟剖面 1:50

E、F段电缆沟剖面 1:50

D、H段电缆沟剖面 1:50

J段电缆沟剖面 1:50

电缆敷设明细表1

序号	柜体出线编号	起点	终点	电缆规格型号	备注
GY1	待定	总变配电所	A区变电所	6×(YJV22-10kV-3×150)	
GY2	待定	总变配电所	B1区变电所	4×(YJV22-10kV-3×150)	
GY3	待定	总变配电所	3#车库配电所	2×(YJV22-10kV-3×150)	
GY4	待定	总变配电所	二期变电所	7×(YJV22-10kV-3×185)	
GY5	待定	总变配电所	二期变电所	4×(YJV22-10kV-3×185)	
DY1-1	待定	总变配电所	6#楼1单元	YJV22-1kV-4×120	
DY1-2	待定	总变配电所	6#楼2单元	YJV22-1kV-4×120	
DY1-3	待定	总变配电所	6#楼3单元	YJV22-1kV-4×120	
DY1-4	待定	总变配电所	6#楼电梯用电	YJV22-1kV-4×35	
DY1-5	待定	总变配电所	7#楼1单元	YJV22-1kV-4×150	
DY1-6	待定	总变配电所	7#楼2单元	YJV22-1kV-4×150	
DY1-7	待定	总变配电所	8#楼1单元	YJV22-1kV-4×150	
DY1-8	待定	总变配电所	8#楼3单元	YJV22-1kV-4×150	
DY1-9	待定	总变配电所	9#楼1单元	YJV22-1kV-4×120	
DY1-10	待定	总变配电所	9#楼2单元	YJV22-1kV-4×120	
DY1-11	待定	总变配电所	9#楼3单元	YJV22-1kV-4×120	

电缆敷设明细表2

序号	柜体出线编号	起点	终点	电缆规格型号	备注
DY1-12	待定	总变配电所	9#楼4单元	YJV22-1kV-4×120	
DY1-13	待定	总变配电所	9#楼电梯用电	YJV22-1kV-4×50	
DY1-14	待定	总变配电所	10#楼2单元	YJV22-1kV-4×150	
DY1-15	待定	总变配电所	10#楼4单元	YJV22-1kV-4×150	
DY1-16	待定	总变配电所	11#楼2单元	YJV22-1kV-4×150	
DY1-17	待定	总变配电所	11#楼4单元	YJV22-1kV-4×150	
DY1-18	待定	总变配电所	12#楼1单元	YJV22-1kV-4×150	
DY1-19	待定	总变配电所	12#楼3单元	YJV22-1kV-4×95	
DY1-20	待定	总变配电所	13#楼1单元	YJV22-1kV-4×150	
DY1-21	待定	总变配电所	13#楼3单元	YJV22-1kV-4×95	
DY1-22	待定	总变配电所	14#楼1单元	YJV22-1kV-4×150	
DY1-23	待定	总变配电所	14#楼3单元	YJV22-1kV-4×150	
DY1-24	待定	总变配电所	19#楼1段4单元	YJV22-1kV-4×120	
DY1-24	待定	总变配电所	19#楼1段3单元	YJV22-1kV-4×120	
DY1-26	待定	总变配电所	19#楼1段2单元	YJV22-1kV-4×150	
DY1-27	待定	总变配电所	19#楼2段3单元	YJV22-1kV-4×150	

注：1. 序号标注按高低压分开标注比较容易识别，柜体出线编号指低压配电系统图出线回路编号。
2. 电缆敷设明细表仅示例出出线部分电缆敷设明细，实际应列出所有设计线路。

图4-1 总体电气施工图设计说明、电缆沟剖面及电缆表

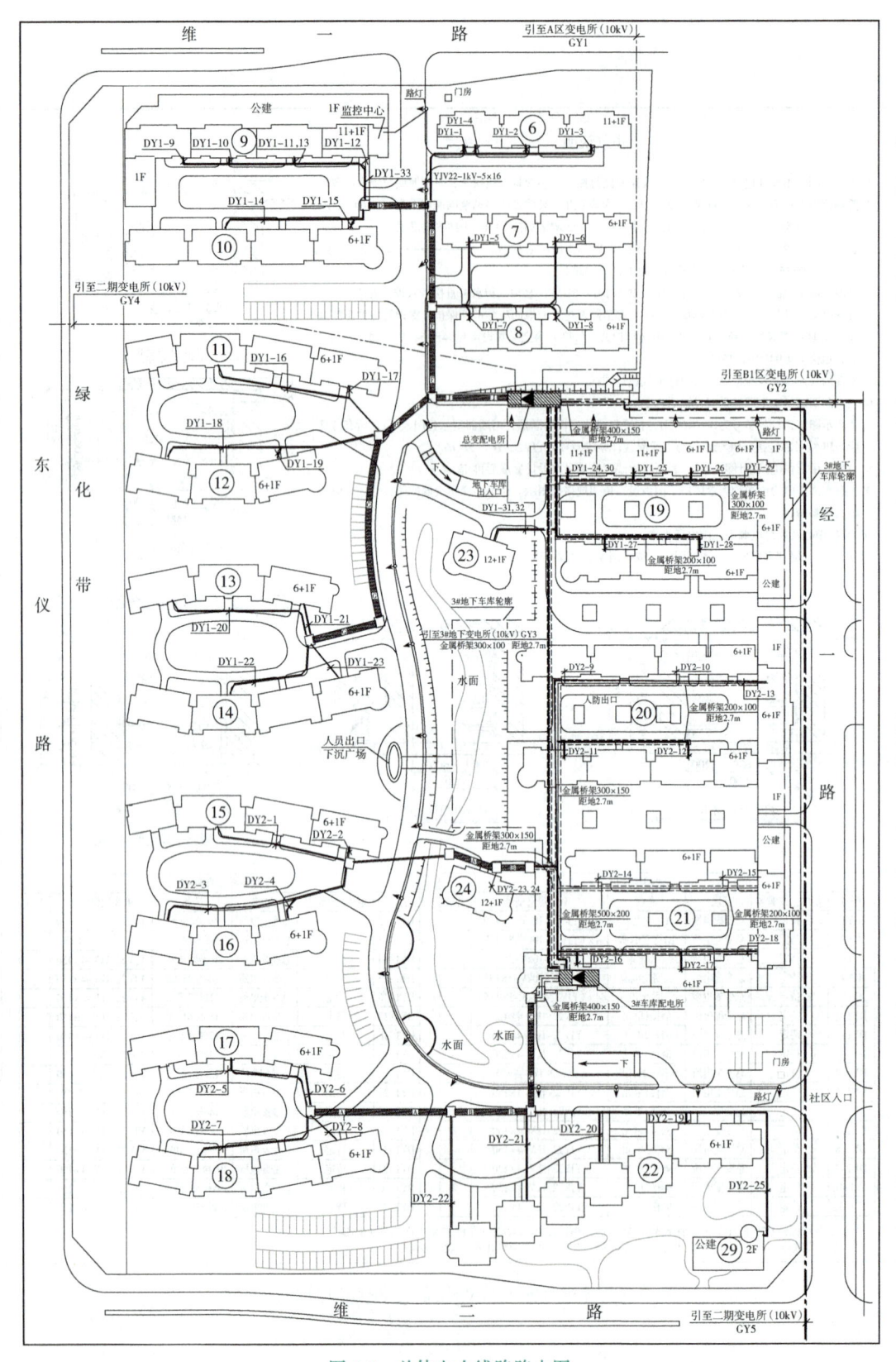

图 4-2 总体电力线路路由图

第五章　变配电所电气

一、变配电所设计基本要求

（一）变配电所设计的内容

变配电所设计是建筑电气设计的一个非常重要的内容，变配电所电气设计内容一般包含变配电所的选址、平面布置图、剖面图（有母联、上出线等平面交代不清时，还应设计剖面图）、高压配电系统图、低压配电系统图、二次继电保护原理图（或微机保护系统图）、信号母线系统图（如果不需要也可以不画）、直流操作小母线接线图（如果不需要也可以不画）、变配电所接地平面布置图、变配电所照明平面图、变配电基础图、地沟图以及给土建工种提供的土建资料图等。

（二）变配电所选址要求

变配电所不应设在厕所、浴室、厨房或其他经常积水场所的正下方处，更不能设在地势低洼和可能积水的场所，也不宜设在与上述场所相贴邻的地方，当贴邻时，相邻的隔墙应做无渗漏、无结露的防水处理。变配电所应设在负荷中心位置，应考虑进出线方便，尤其是低压配电出线，低压配电回路较多，线路路径短不仅减少了线路电能损耗，也能节约线缆及敷设造价。

（三）变配电所对土建的基本要求

变压器及高低压配电柜外形尺寸都比较大，应考虑变配电设备运输方便，运输通道或门尺寸应不小于2000mm（宽）×2400mm（高），变配电所设在高层上时，应考虑垂直运输电梯。当地下层有多层时，不应设置在最底层；当地下层只有一层时，应采取抬高地面和防止雨水、消防水等积水的措施，一般由给水排水工种设集水坑并设潜水泵。变配电所设在地下层时，也应设机械通风、去湿设备或空气调节设备。变配电所长度大于7m的配电室应设两个安全出口，并宜布置在配电室的两端。当变配电室的长度大于60m时，宜增加一个安全出口，相邻安全出口之间的距离不应大于40m。

(四) 变配电所电气平面布置设计的基本内容

变配电所平面布置图应画出高压配电柜、变压器、低压配电柜、直流操作屏（如果有时应布置）、高低压进出线路路由、照明平面图等，电气设备工种给土建工种提供的电缆沟、高低压配电柜及变压器的安装基础资料图（包括平面和剖面，不出图，如果有必要时也可以出图）。

(五) 变配电所平面布置要求

1. 高压配电柜布置要求。

1) KYN28 高压配电柜尺寸：柜宽度一般为 800~1000mm，1600A 以上宽度为 1000mm。电缆上出线时深度为 1500mm，上进线和上出线时深度为 1660mm，高度为 2300mm，每台重量为 800~1200kg。

2) 高压配电室内成排布置时维修通道宽度：高压配电柜背面对墙时，柜背面距墙不应小于 800mm，墙面有柱类局部凸出时，凸出部位的通道宽度可减少 200mm，高压配电柜背对背时，其背面间距不应小于 1000mm。

3) 高压配电柜的操作面应留出操作距离，操作距离要求如下：固定柜单排操作距离为 1500m，固定柜面对面排列操作间距为 2000m。抽屉柜手车长约 800mm，因此抽屉柜单排操作距离为 1200m 加手车长，即抽屉柜单排操作距离为 2000mm，抽屉柜面对面排列时，操作距离为双手车长加 900m，即抽屉柜面对面排列操作距离为 2500mm。高压配电柜侧面靠墙布置时，侧面与墙净距宜大于 200mm。有些高压配电柜背后封闭无检修要求时，柜后与墙净距应大于 50mm。当开关柜侧面需设置通道时，通道宽度不应小于 800mm；对全绝缘密封式成套配电装置，可根据厂家安装使用说明书减少通道宽度。

2. 低压配电柜布置要求。

1) 低压配电柜尺寸：柜宽度一般为 800~1000mm（最大 1200mm），电缆上出线时柜深度为 600~800mm（最深 1000mm），上进线和上出线配电柜宽度为 800~1000mm，高度为 2200mm，每台重量为 400~700kg。

2) 低压配电室内成排布置时维修通道宽度：固定低压配电柜操作面距墙 1500mm，抽屉柜操作面距墙 1800mm，低压配电柜背面距墙不应小于 1000mm，墙面有柱类局部凸出时，凸出部位的通道宽度可减少 200mm。低压配电柜操作面对操作面排列时，其间距固定式配电柜为 2000mm，抽屉式配电柜为 2300mm。低压配电柜背对背排列时，其间距固定式配电柜应不小于 1500mm，抽屉式配电柜应不小于 1000mm。同向布置可参考操作面对操作面布置参数。

3) 低压配电柜侧面靠墙布置时，侧面与墙净距宜大于 200mm。有些低压配电柜背后封闭无检修要求时，柜后与墙净距应大于 50mm。当低压配电柜侧面需设置通道时，通道宽度不应小于 800mm。

3. 变压器布置要求。

1）变压器布置时，当变压器与低压配电柜并排布置时，变压器低压侧应设在低压配电柜操作面方向，变压器高压侧背后应预留维修通道。维修通道不应小于 600~800mm（100~1000kVA 变压器距墙 600mm、1250~2500kVA 变压器距墙 800mm），墙面有柱类局部凸出时，凸出部位的通道宽度可减少 200mm。

2）SCB13 系列变压器参数见表 5-1，外壳主要尺寸如图 5-1 所示。

表 5-1　SCB13 系列变压器参数

变压器容量/kVA	重量/kg	L(长)/mm	A(宽)/mm	H(高)/mm	D(安装轨长)/mm	d(安装轨距)/mm
315 以下	1500	1600	1250	2000	1150	660
400~500	2000	1680	1360	2000	1200	660
630~800	3000	1850	1400	2200	1260	820
1000	3500	1950	1500	2200	1350	820
1250~1600	5500	2000	1500	2300	1400	820
2000~2500	6500	2100	1500	2300	1500	1070

注：表中 SCB13 变压器外壳尺寸、轨距及重量参数为参考值，设计时以实际选用的产品样本资料为准。

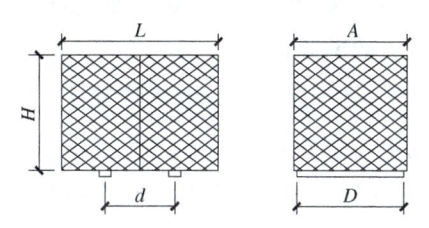

图 5-1　变压器外壳主要尺寸图

4. 常用变压器技术参数及选型。目前 SCB13 和 SCB14 是两种常见的电力变压器类型，两者的主要区别有以下四个方面：

1）损耗差异：SCB14 变压器的空载损耗较 SCB13 变压器平均降低 15%，负载损耗平均降低 10%。这种损耗的降低意味着 SCB14 变压器在运行时更加节能。

2）能效等级不同：根据国家相关规定，变压器的能效等级分为一级、二级和三级。其中，SCB13 变压器属于最低能效等级，而 SCB14 变压器属于中等能效等级。也就是说 SCB14 变压器有更高的能效比和更低的能耗。

3）价格差异：由于材料、工艺等方面的差异，同容量的变压器，SCB14 的价格是 SCB13 的 1.4 倍左右。

4）变压器能耗等级选择：在选择变压器时，应根据具体的使用需求和成本预算进行综合考虑，以确保选择到最合适的变压器类型。一般来说，对于电气设备要求三级能效的，可以选择 SCB13 型号的变压器；对于电气设备要求二级能效的，可以选择 SCB14 或 SCB15 型号的变压器；对于电气设备要求一级能效的，可以选择 SCB17 型号的变压器。

5. 变压器标注内容及标注方法。变压器的主要技术参数都标注在变压器的铭牌上，一般有型号、容量、一次和二次侧电压和电流、冷却方式、绝缘及线材、绕组结构形式及阻抗电压。例如：SCB13-1000kVA-10.5kV/0.4kV-F、Dyn11、阻抗电压 6%、±2×2.5%。每个参数的表达定义如下：

1) S：电源相数。三相（S）、单相（D）。

2) C：固体介质形式。浇注式（C）、包绕式（CR）、难燃液体（R）。

3) B：线圈导线材质。铜箔（B）、铜线导体（不标）。

4) 13：设计序号。

5) 1000kVA：变压器额定容量。

6) 10.5kV：高压侧额定电压。

7) 0.4kV：低压侧额定电压。

8) F：风冷却器。自然循环冷却装置不标。

9) Dyn11：变压器的连接组别。D 表示高压侧三角形接法；y 表示低压侧星形接法；n 表示低压侧中性点引出；11 表示高低压侧相位角为时钟上面的 11 点钟方向的角度，也就是说变压器二次侧的线电压滞后一次侧线电压 330°（或超前 30°）。这种变压器有消谐作用，因为单相负载多时，系统有较大的谐波存在。

10) 6%：变压器阻抗电压。变压器的阻抗电压计算法：把变压器的副边短路，原边逐渐从零开始加电压，当副边的电流到达额定电流时（其实原边绕组和副边绕组均到达额定电流），这时加在原边的电压称为阻抗电压，把这个电压除以原边的额定电压得到的值为变压器的阻抗电压 U_k（%）。阻抗电压 U_k（%）是涉及变压器成本、效率和运行的重要经济指标。同容量的变压器，阻抗电压小的成本低、效率高、价格便宜，另外，运行时的压降及电压变动率也小，电压质量容易得到控制和保证，因为阻抗电压过大时，会产生过大的电压降。而在变压器发生短路时，阻抗电压大一些较好，较大的阻抗电压可以限制短路电流，否则变压器将经受不住短路电流的冲击。

11) ±2×2.5%：干式变压器电压分接调节范围，可分五档调节（即 5%、+2.5%、0、-2.5%、-5%），电压调节时通过固定式分接开关（俗称分接头），也称为无载调压，调压的目的主要是保证低压侧满足正常工作电压范围。

12) 变压器的空载电流也是变压器的一个主要参数。当电源变压器次级开路时，初级绕组仍有一定的电流流过，这个电流便是变压器的空载电流。有空载电流就有空载损耗，目前民用户内变压器主要以干式变压器为主。

（六）变配电所平面布置需注意的问题

1. 无论高压配电柜、低压配电柜及变压器等成排布置时，变配电设备的长度如大于 6m，其柜（屏）后通道应设两个出口，并宜设在两端。低压配电柜经常维修，当低压配电装置两个出口间的距离超过 15m 时，中间应增加出口。

2. 变配电所布置时宜考虑值班室和维修间（或元器件储存间），尽量做到高低压配电分区布置，尽量避免电缆沟交叉。在层高受限时，设备尽量布置在梁间位置。

3. 变压器低压侧宜与低压配电柜操作面对齐，如果无法对齐变压器与低压配电柜宜脱开布置，间距 800~1000mm 为最佳。变压器低压侧宜与低压配电柜操作面对齐主要考虑以下几个问题：

1）变压器低压侧应面对操作通道，低压侧相对高压侧安全；变压器低压侧与低压配电柜对齐主要是考虑变压器低压出线比较方便，也节约连接母线。

2）如果低压配电柜不与变压器对齐，变压器就会比贴邻的进线柜凸出，造成进线柜操作不便，也会造成从变压器方向看不全进线柜的操作面仪表。

4. 变压器与低压配电柜贴邻布置时，变压器外壳保护等级要求在 IP20 以上。当低压配电柜与变压器成排布置时，如果低压配电柜与变压器并排总长超过 15m，柜后维修通道应有三个出口，当低压配电柜与变压器并排总长超过 15m，但减去变压器长度后不大于 15m，一般在变压器与低压配电柜之间预留通道作为中间通道出口。当变压器与低压配电柜脱开布置时，可取变压器与低压配电柜的中心线对齐。配电室布置时还应考虑管理人员巡视路线最短和最方便，布置美观整洁。在条件允许的情况下，尽量做到高低压配电装置分区布置。高压配电柜尽量靠近 10kV 进线方向。当有发电机房时应考虑发电机与低压配电柜之间的电气线路布置方便及路径最短。

5. 变配电所电缆沟深度一般为 800mm，宽度可以根据电缆多少来确定，电缆沟剖面图参考图 5-5。由高压配电柜至变压器的 10kV 电缆可以穿钢管也可设置电缆沟，变压器数量较多时宜设 10kV 电缆沟，可在变压器基础下做 10kV 电缆沟，10kV 电缆外径一般比较大，转弯半径也大，变压器下端留沟便于电缆敷设，变压器至高压配电柜的温控线路也可以与高压电缆共沟。

6. 变配电所接地基本要求：沿墙敷设的接地扁钢距地 0.2~0.3m，过门洞时埋地敷设，埋深 0.2m 左右。接地端子宜在变压器、高压配电柜、低电压配电柜及直流屏背面设置，方便电气设备接地检查连接，尽量做到检查连接线不超过 5m。变配电所接地引下线应避开防雷引下线（不宜与防雷引下线利用一个柱子内的主钢筋）。当低压配电系统母联采用四极开关时，每台变压器中性点宜就近与接地网连接，当低压配电系统母联采用三极开关时，宜在母联处一点接地。

7. 变配电所平面布置图如图 5-2 所示。

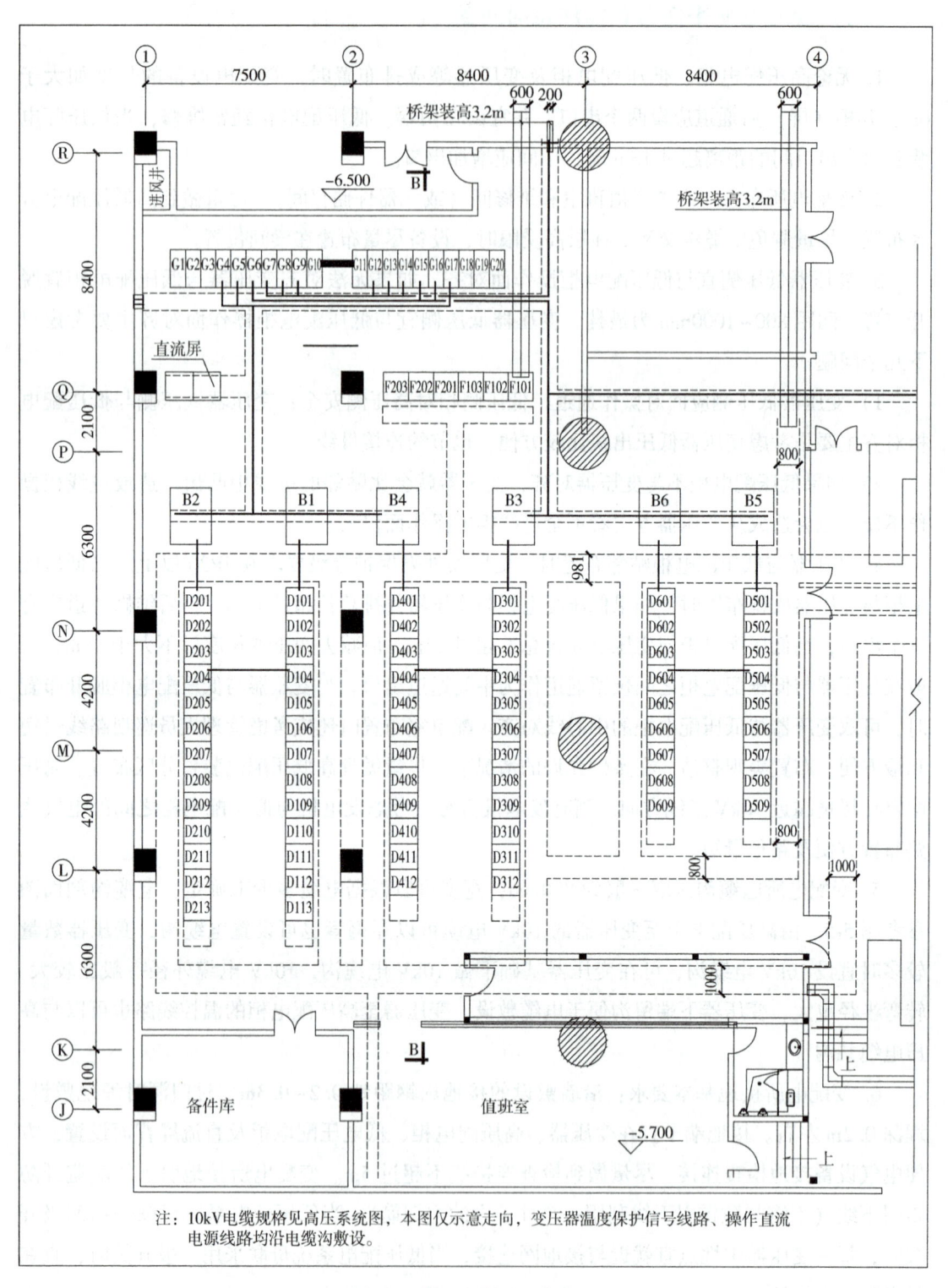

注：10kV电缆规格见高压系统图，本图仅示意走向，变压器温度保护信号线路、操作直流电源线路均沿电缆沟敷设。

图 5-2 变配电所平面布置图

8. 变配电所土建平面图如图5-3所示。

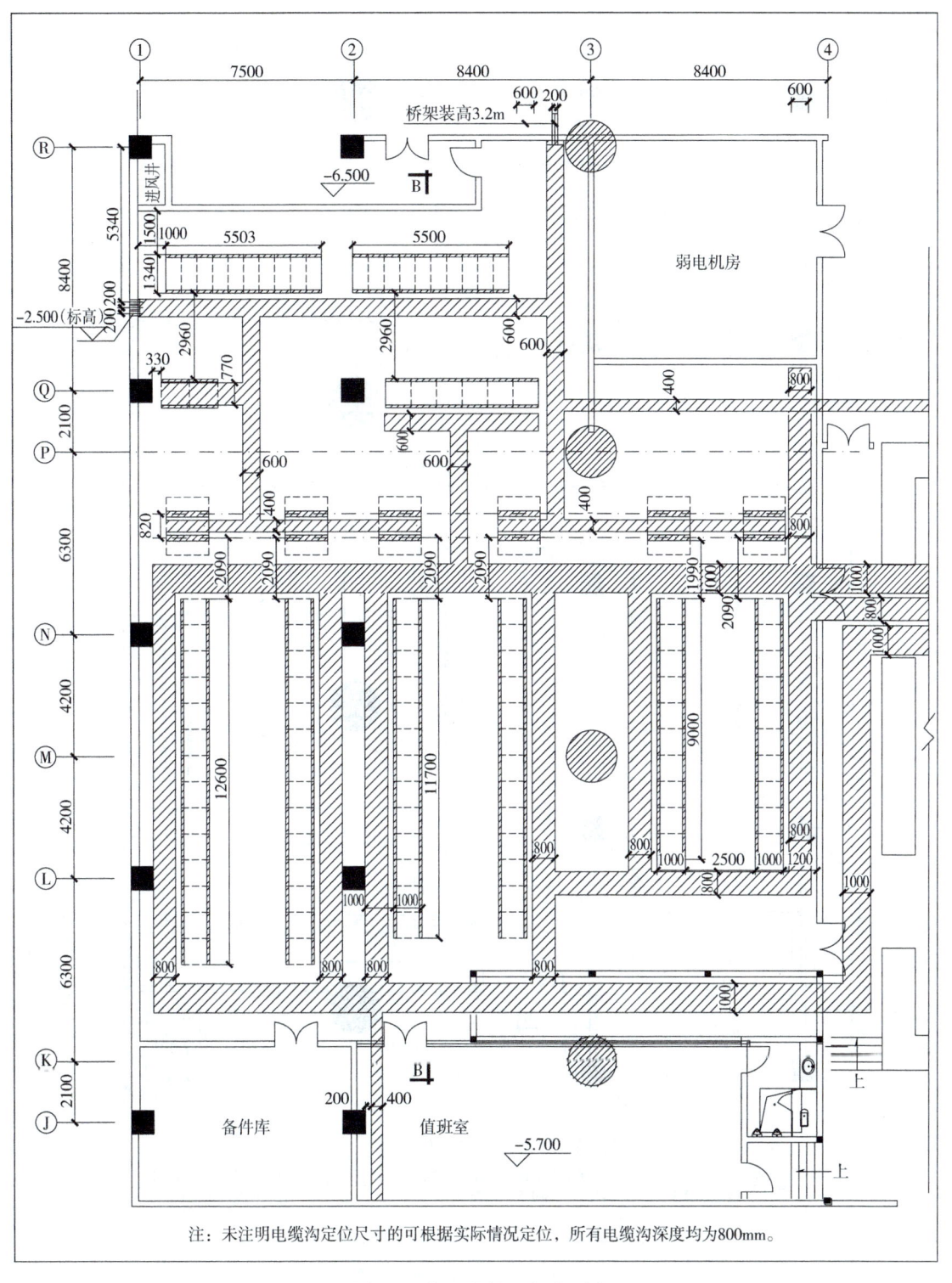

注：未注明电缆沟定位尺寸的可根据实际情况定位，所有电缆沟深度均为800mm。

图 5-3　变配电所土建平面图

9. 变配电所接地平面图如图5-4所示。

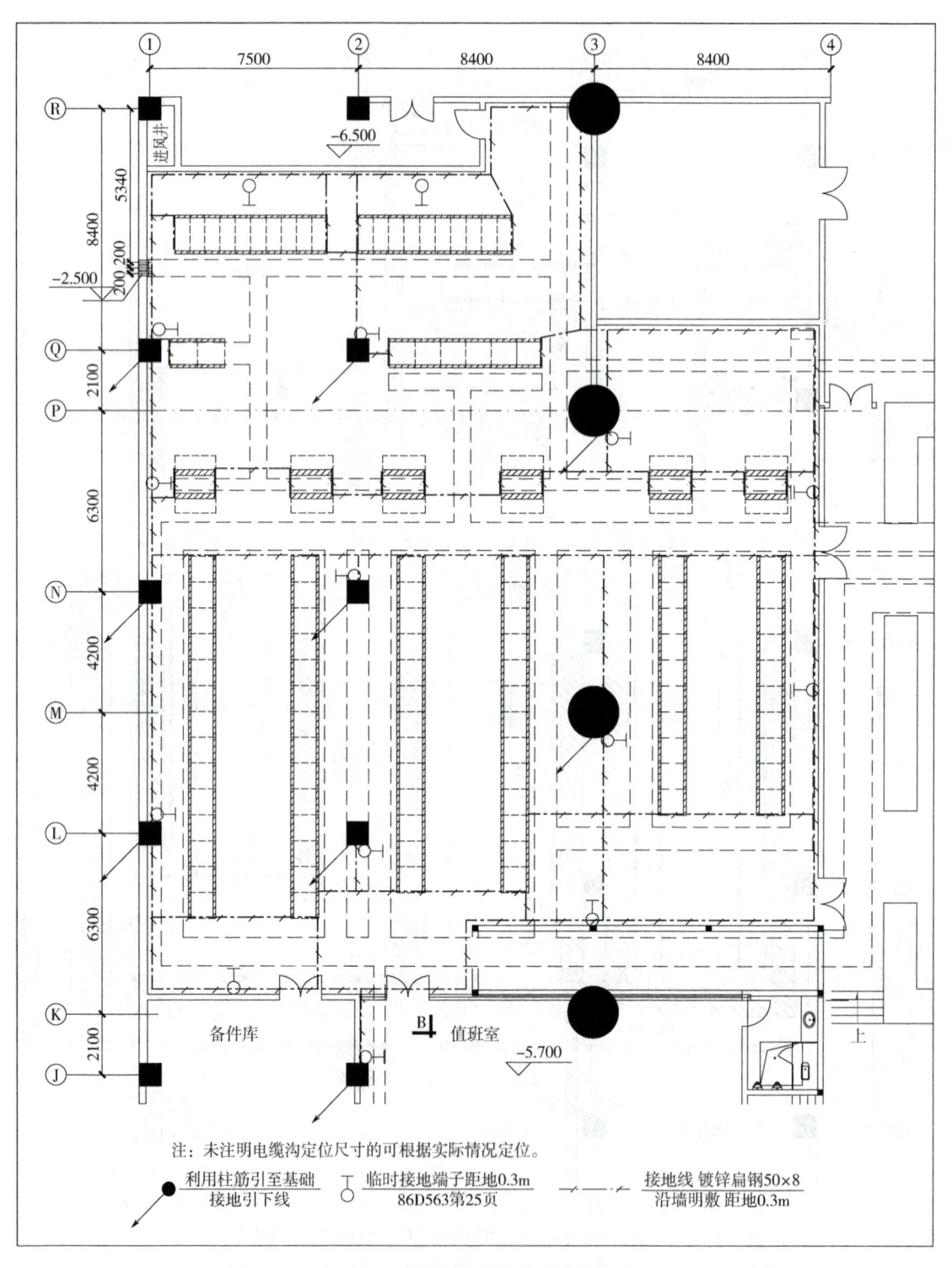

图 5-4 变配电所接地平面图

10. 变配电所剖面图如图 5-5 所示。

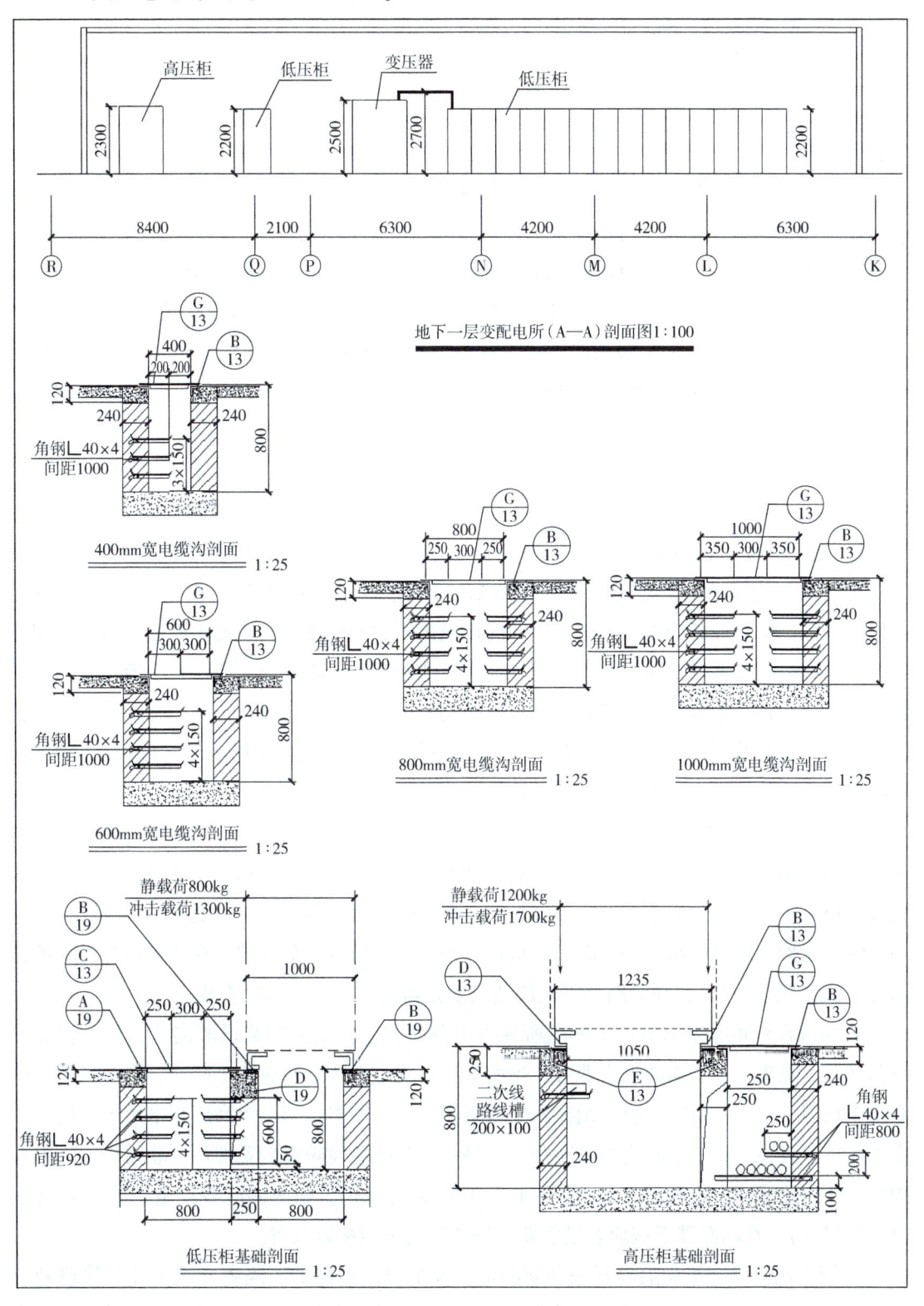

图 5-5 变配电所剖面图

二、高压配电系统

（一）高压配电系统的种类

高压配电系统根据负荷情况，一般有下列配电系统：

1. 一路进线，单母线不分段系统，满足二级以下负荷供电。
2. 两路进线一用一备，单母线不分段系统，可靠性一般，满足要求不高的一级负荷用电。
3. 两路进线互为备用，单母线分段系统，可靠性高，能满足要求较高的一级负荷用电。
4. 当对供电连续性要求很高时，可采用分段单母线带旁路母线或双母线的接线，这种方式一般很少使用，这里就不详细介绍了。

（二）高压配电系统主接线构成

高压配电系统一般由进线柜、PT（电压互感器）、计量柜、馈电出线柜、变压器出线柜及母联柜组成，如果有高压设备用电，还有高压无功补偿柜等。每种功能基本规定要求如下：

1. 高压配电系统电源进线柜主要是对高压母线进行短路和过负荷保护，同时也应满足高压配电系统维护分断的需求，进线柜一般设隔离开关和断路器，或抽出式断路器。隔离开关主要是维修断路器及下端配电系统用，有明显的断开点，隔离开关应设在电源端，抽出式断路器抽出后相当于隔离开关断开，维修断路器及下端系统也很安全。继电保护一般设短路保护、瞬时过负荷保护、长延时过负荷保护。在进线侧应装设电源指示灯（或电压监视器）和断路器操作的过电压吸收装置，严禁设接地开关。

2. 高压母线分段时，母线的分段开关宜采用断路器，在分段保护断路器两侧应设隔离开关，当采用抽出式断路器时，可不设隔离开关。分段保护断路器和隔离开关的整定值一般与进线柜大小一样，如果两台变压器容量不一样大时，可按容量较小的变压器侧的断路器选用。继电保护一般设短路保护、瞬时过负荷保护、长延时过负荷保护。在两侧应装设电源指示灯（或电压监视器），在断路器下端应装设断路器操作的过电压吸收装置。

3. 由高压配电系统向另一个配电所提供电源时，应在供电侧装设断路器，另一侧装设负荷开关、隔离开关或隔离触头即可。当两个高压配电系统之间设置母联时，两个高压配电系统不在同一个变电所时，应分别在两个联络柜装设断路器。当两个高压配电系统在同一个变电所时，可在其中一个联络柜设断路器，另一个联络柜设隔离装置即可。联络柜的继电保护一般设短路保护、瞬时过负荷保护、长延时过负荷保护。在两侧应装设电源指示灯（或电压监视器），在断路器下端应装设断路器操作的过电压吸收装置。

4. 馈电出线柜一般设隔离开关和断路器，或抽出式断路器，隔离开关主要是维修断路器及下端配电系统用，有明显的断开点，隔离开关应设在电源端，抽出式断路器抽出后相当于隔离开关断开。继电保护一般设短路保护、瞬时过负荷保护、长延时过负荷保护。在出线侧应装设与该回路开关电器有机械连锁的接地隔离开关、电源指示灯（或电压监视器）和断路器操作的过电压吸收装置。

5. 变压器出线柜一般设隔离开关和断路器，或抽出式断路器，隔离开关主要是维修断路器和检修变压器用，有明显的断开点，隔离开关应设在电源端，抽出式断路器抽出后相当于隔离开关断开。继电保护一般设短路保护、瞬时过负荷保护、长延时过负荷保护、变压器温度保护。在出线侧应装设与该回路开关电器有机械连锁的接地隔离开关、电源指示灯（或电压监视器）和断路器操作的过电压吸收装置。

6. PT（电压互感器）柜中的电压互感器主要为测量线路的电压、功率和电能等测量表计提供电压回路，也可提供操作和控制电源，是每段母线过电压保护器的检查、继电保护（如母线绝缘、过电压、欠电压、备自投条件等）的必备需求。PT（电压互感器）有以下几种接线方式：

1) 一个单相电压互感器用于对称的三相电路，接于线路两相间；用于测量线电压和供仪表、继电保护装置用，如图 5-6 所示。

2) 两个单相电压互感器接成 V/V 接线：基本用于中性点不接地或经消弧线圈接地的系统中，只能测量线电压，不能测量相电压，仅供需要线电压的仪表、继电保护装置用，如图 5-7 所示。

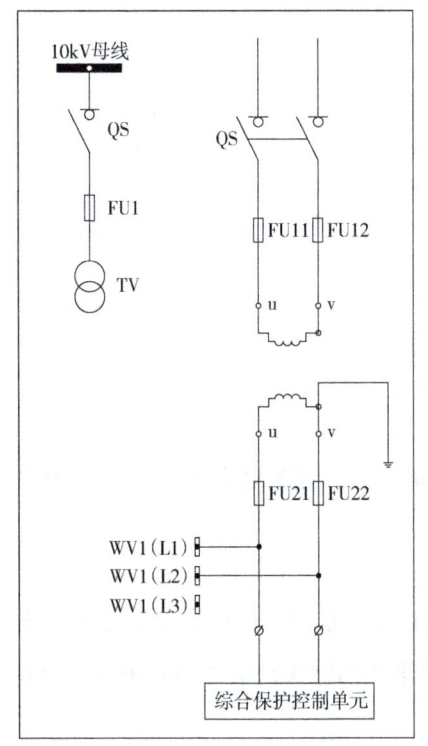

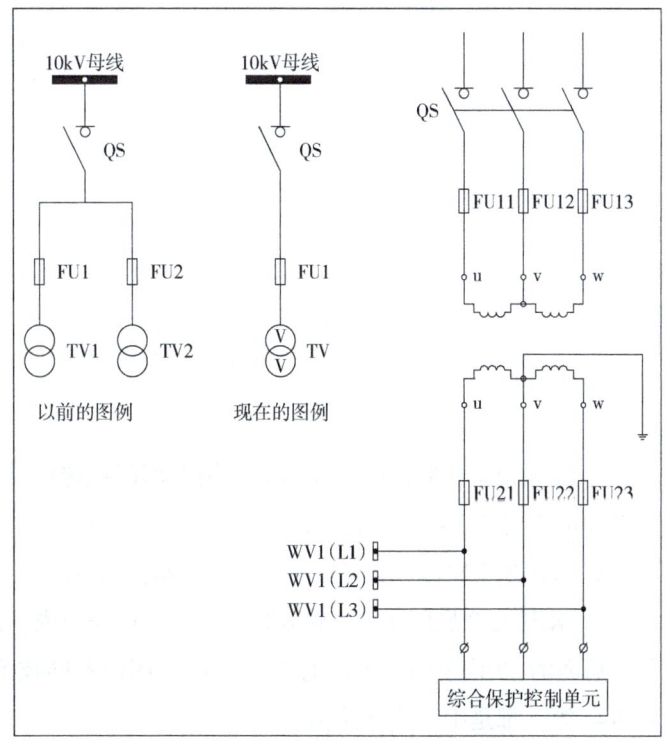

图 5-6　PT（电压互感器）接线方式一　　　图 5-7　PT（电压互感器）接线方式二

3) 三个单相电压互感器接成 Y0/Y0 接线：这种接法可测量三相电网的线电压和相电压；由于小接地电流系统发生仅单相接地时，另外两相电压要升到线电压，所以这种接线的二次侧所接的电压表不能按相电压来选择，而应按线电压来选择，否则在发生仅单相接地时，仪表可能被烧坏，如图 5-8 所示。

4) 三个单相三绕组电压互感器或一个三相五柱式电压互感器接成 Y0/Y0/d（开口三角形）：二次线圈接成 Y0 形时，为二次保护仪表供电；二次线圈接成开口三角形时，供电给绝缘监测电压继电器，当三相系统正常工作时，三相电压平衡，开口三角形两端电压为零，当某一相接地时，开口三角形两端出现零序电压，使绝缘监测电压继电器保护动作及发出信号，供接入交流电网绝缘监视仪表和继电保护装置用，如图 5-9 所示。

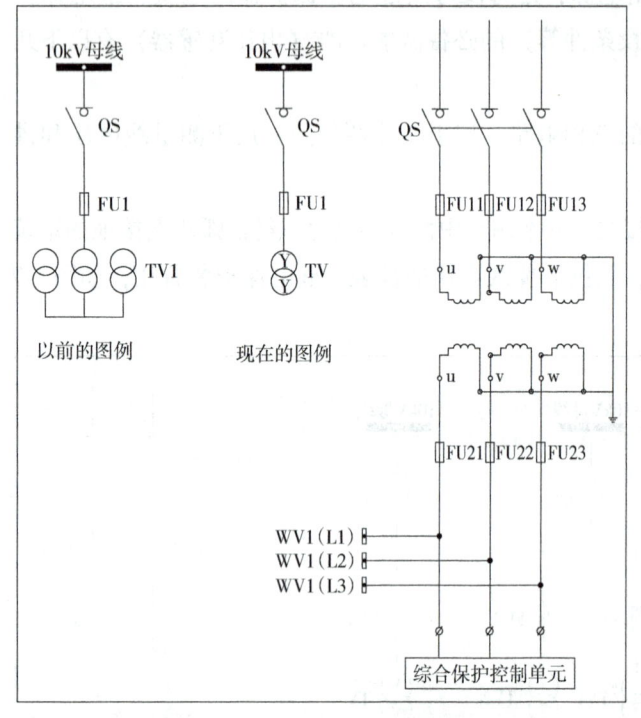

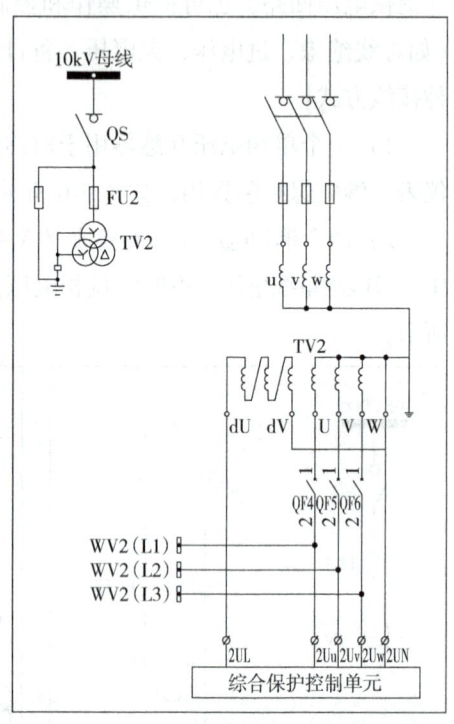

图 5-8　PT（电压互感器）接线方式三

图 5-9　PT（电压互感器）接线方式四

7. 计量柜主要装设电流互感器和供电部门规定的计量装置，计量装置的电压信号由设置在计量柜内的电压互感器提供。

8. 常用的 KYN28-12 高压配电柜的基本技术资料。

1) K 代表金属铠装，Y 代表移开式，N 代表户内，28 为行业归口单位颁发的型号序列号，后面的 12 代表额定工作电压为 12kV。国内不同技术来源的同类产品型号还有 KYN96、KYN44 等，都是中置式开关柜。

2) 柜内主要电器元件技术参数。

①进、出线及联络开关柜断路器：采用（型号）-12/1250-31.5 隔离断路器，额定电流为

1250A（电流整定值根据实际负荷计算）、额定短路开断电流 31.5kA、额定动稳定电流 80kA、机械寿命 20000 次、额定短路开断电流开断次数 50 次、合闸时间≤60ms、跳闸时间≤45ms、最大三相分合不同期≤2ms、操作机构为专用弹簧操作机构、操作电压 DC220V、合闸线圈电压/功率为 DC220V/245W、分闸线圈电压/功率为 DC220V/245W。

②电流互感器：采用 LZZB9J-10/150b，变比□（一次线圈）/5、计量 0.2S 级 15VA、测量 0.5 级 15VA。

③电压互感器：JDZXF11-10；带电显示装置：DXN12-T；氧化锌避雷器：HY5WS1-17。

9. 10kV 配电柜的五防联锁具体含义。

1）防止误分误合断路器和隔离开关。

2）防止带负荷分合上下隔离开关或带负荷推入拉出断路器手车。

3）防止带电操作合闸接地开关。

4）防止带有临时接地线或接地开关闭合时送电。

5）防止人误入带电间隔。

10. 五防联锁的实现。

1）当手车在柜体的工作位置合闸后，在底盘车内部的闭锁电磁铁被锁定在丝杠上，而不会被拉动，以防止带负荷误拉断路器手车。

2）当接地开关处在合闸位置时，接地开关主轴联锁机构中的推杆被推入柜中的手车导轨上，于是所配断路器手车不能被推进柜内。

3）断路器手车在工作位置合闸后，出线侧带电，此时接地开关不能合闸，接地开关主轴联锁机构中的推杆被阻止，其操作手柄无法操作接地开关主轴。

4）对于电缆进线柜、母线分段柜和所用变压器方案，由于进线电缆侧带电，柜前下边门上装电磁锁，来确保在电缆侧带电时不能进入电缆室。

5）对于有人值守的变配电室，通过安装在面板上的防误型转换开关（带红绿牌），可以防止误分误合断路器。对于无人值守的变配电室，由于断路器的分合均从远方操作，无法应用红绿翻牌方法，只能加入电气联锁。高压开关柜仪表室门上一般装有分合闸转换开关，其仪表室内装有程序锁，当开关柜正常运行时，取下程序锁钥匙，关上仪表室门，防止误分误合断路器。但现在一般在仪表门上装带钥匙的转换开关，当开关柜正常运行时，取下钥匙，防止误分误合断路器。

11. 高压操控直流系统。

1）高压开关柜中 PT 柜电压互感器一次和二次系统图如图 5-10 所示。

2）高压开关柜操控直流电源配电图如图 5-11 所示。

3）高压开关柜柜内小母线排列图如图 5-12 所示。

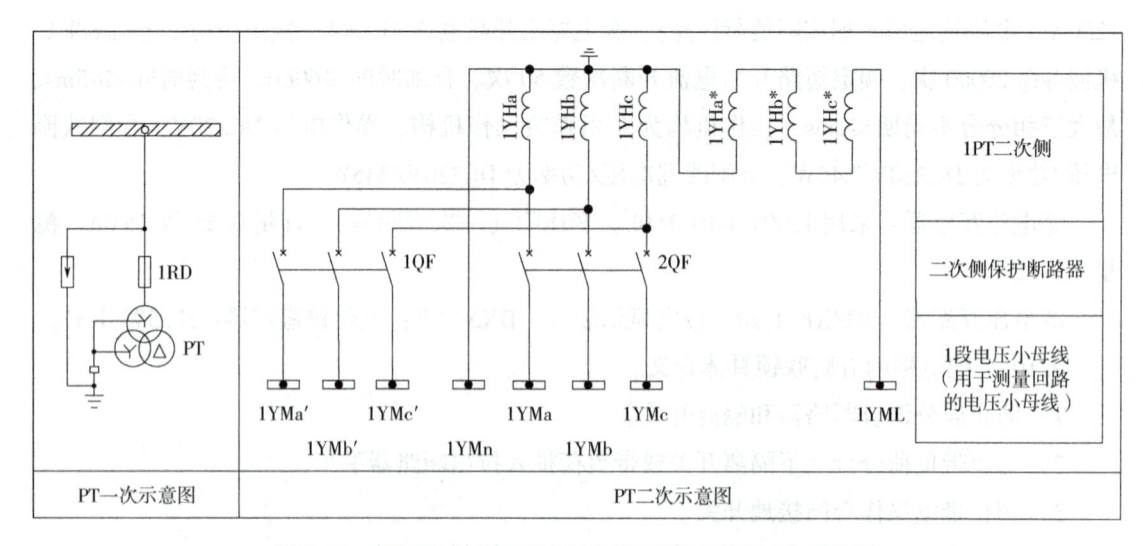

图 5-10 高压开关柜中 PT 柜电压互感器一次和二次系统图

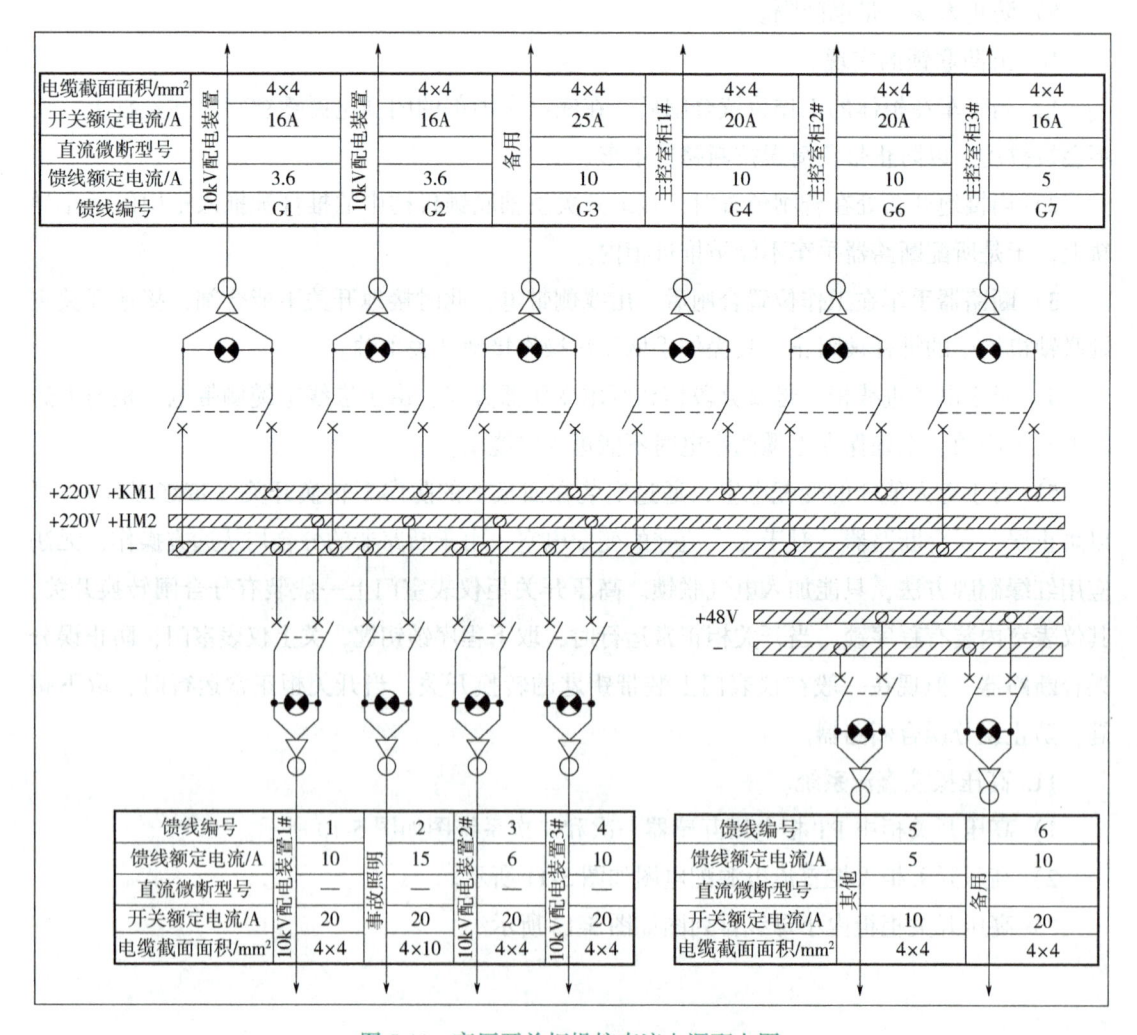

图 5-11 高压开关柜操控直流电源配电图

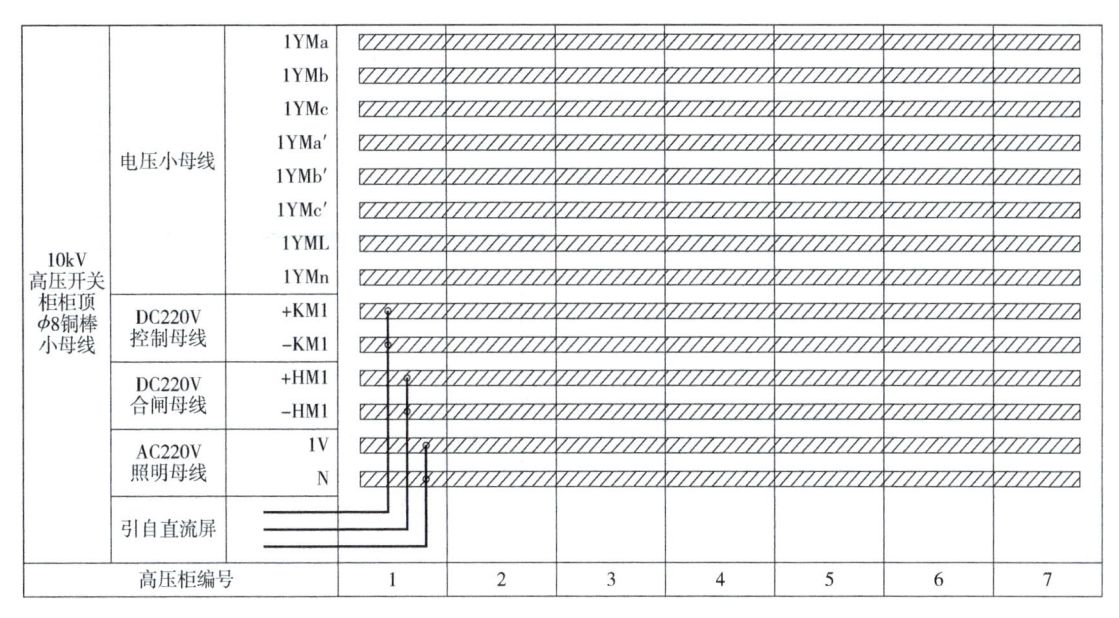

10kV高压开关柜柜顶φ8铜棒小母线	电压小母线	1YMa							
		1YMb							
		1YMc							
		1YMa′							
		1YMb′							
		1YMc′							
		1YML							
		1YMn							
	DC220V控制母线	+KM1							
		−KM1							
	DC220V合闸母线	+HM1							
		−HM1							
	AC220V照明母线	1V							
		N							
	引自直流屏								
高压柜编号			1	2	3	4	5	6	7

图 5-12　高压开关柜柜内小母线排列图

12. 几种高压配电系统例图如图 5-13～图 5-15 所示。

三、低压配电系统设计

目前，低压配电系统常用的低压配电柜形式有固定式配电柜、抽屉式配电柜及固定分隔式配电柜。

固定式配电柜特点：固定式配电柜常用的是 GGD 型柜，固定式配电柜主回路、保护单元及监测控制等电器元件均安装在一起，配电柜内每个配电回路之间不加任何隔离措施，这种配电柜优点是方便安装大电流配电回路（400A 及以上）、造价较低，缺点是维修不方便，维修某个配电回路需将配电柜总隔离开关断开，影响其他配电回路供电。固定式配电柜适合用于大容量回路且对供电可靠性要求较高的用电设施。

抽屉式配电柜特点：抽屉式配电柜常用的主要有 GCS 和 MNS 型柜，抽屉式配电柜主回路、保护单元及监测控制等电器元件均安装在一个抽屉中，每个抽屉单元之间有隔离措施，优点是安全性好、维修方便、不断电更换、抽屉互换性强，是比较先进的配电柜，抽屉式配电柜多用于小电流回路（400A 及以下），抽屉式配电柜可以有更多的出线回路，抽屉式配电柜适合出线回路多、供电连续性要求较高的场所。

GCK 抽屉式配电柜，与 GCS 抽屉式配电柜基本相同，优点是互换性好、维修方便快捷，缺点也是很明显的，主回路及二次回路均通过接插件连接，每个插件连接点也相对存在故障隐患。该柜型适用于要求供电可靠性较高的工矿企业、重要建筑，多用于集中控制的配电中心。

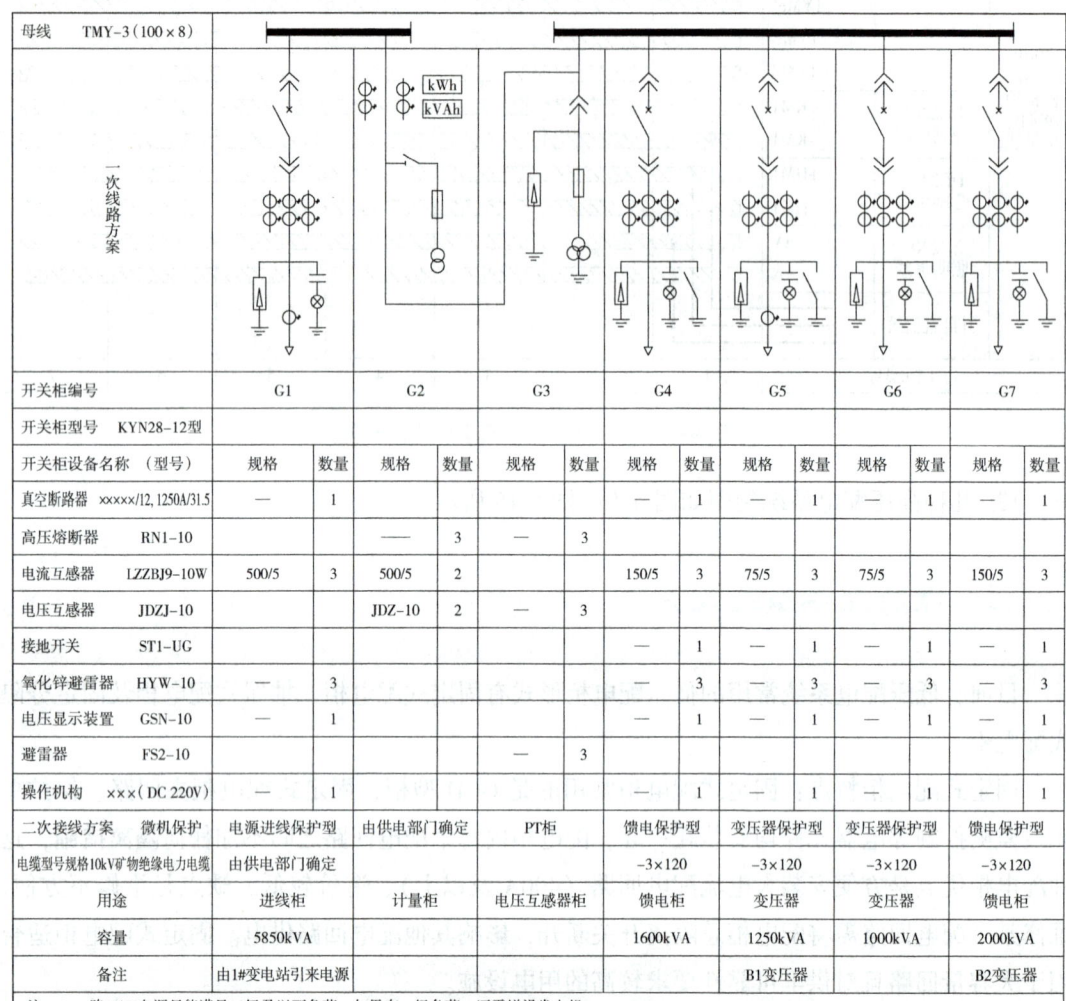

一次线路方案	母线 TMY-3(100×8)													
开关柜编号		G1		G2		G3		G4		G5		G6		G7	
开关柜型号 KYN28-12型															
开关柜设备名称（型号）		规格	数量	规格	数量	规格	数量	规格	数量	规格	数量	规格	数量	规格	数量
真空断路器 ×××××/12, 1250A/31.5		—	1					—	1	—	1	—	1	—	1
高压熔断器 RN1-10				—	3	—	3								
电流互感器 LZZBJ9-10W		500/5	3	500/5	2			150/5	3	75/5	3	75/5	3	150/5	3
电压互感器 JDZJ-10				JDZ-10	2		3								
接地开关 ST1-UG								—	1	—	1	—	1	—	1
氧化锌避雷器 HYW-10		—	3					—	3			—	3		3
电压显示装置 GSN-10			1						1		1		1		1
避雷器 FS2-10							3								
操作机构 ×××(DC 220V)			1					—	1		1		1		1
二次接线方案 微机保护		电源进线保护型		由供电部门确定		PT柜		馈电保护型		变压器保护型		变压器保护型		馈电保护型	
电缆型号规格10kV矿物绝缘电力电缆		由供电部门确定						-3×120		-3×120		-3×120		-3×120	
用途		进线柜		计量柜		电压互感器柜		馈电柜		变压器		变压器		馈电柜	
容量		5850kVA						1600kVA		1250kVA		1000kVA		2000kVA	
备注		由1#变电站引来电源								B1变压器				B2变压器	

注：1. 一路10kV电源只能满足二级及以下负荷，如果有一级负荷，还需增设发电机。
2. 高压柜型号为KYN28-12型，高压配电系统保护采用微机保护系统，按定时限整定，整定值应与供电部门协商确定。
3.计量柜上应装设电压监测仪表，电流互感器要求选用两组次级，准确等级为0.2S，电压互感器选用两组次级，准确等级为0.2级。
4. 电压、电流二次回路应采用RW-2.5mm²导线，施工时导线应采用接线端子接线，计量二次回路导线颜色应采用黄、绿、红三色区分相别。
5. 高压元器件、微机保护等应严格按设计要求选型，微机保护二次原理方案应由供电部门审核后方可施工，以满足供电部门要求。
6. 信号屏及后台机，后台机配置要求提供与楼宇控制的通信协议相应的配套软件。
7. 加工前应与设计单位联系交底，高压配电系统应通过供电部门审查后方可加工，未注明或未提到之处严格按设计规范及供电部门的有关要求实施。

图 5-13 某高压配电系统图

第五章 变配电所电气

母线 TMY-3(100×8) 二次线路方案		G1		G2		G3		G4		G5		G6		G7		G8		G9		G10		G11		G12	
开关柜编号		G1		G2		G3		G4		G5		G6		G7		G8		G9		G10		G11		G12	
开关柜型号 KYN28-12型		规格	数量	规格	数量	规格	数量	规格	数量	规格	数量	规格	数量	规格	数量	规格	数量	规格	数量	规格	数量	规格	数量	规格	数量
开关柜设备名称 xxxxxx(型号)																									
真空断路器 RN1-10		—	1	—	3	—	3	—	1	—	1	—	1			—	1	—	1			—	3	—	1
电流互感器 LZZBJ9-10W		500/5	3	500/5	2	—	—	150/5	3	75/5	3	500/5	3			75/5	3	150/5	3			500/5	2	500/5	3
电压互感器 JDZJ-10		—	—	JDZ-10	2	—	3	—	—	—	—	—	—			—	—	—	—	—	3	JDZ-10	2	—	—
接地开关 ST1-UG		—	—	—	—	—	—	—	1	—	1	—	1			—	1	—	1	—	—	—	—	—	—
氧化锌避雷器 HYW-10		—	3	—	—	—	3	—	—	—	—	—	—			—	—	—	—	—	3	—	—	—	3
电气显示装置 GSN-10		—	1	—	—	—	—	—	1	—	1	—	1			—	1	—	1	—	—	—	—	—	1
避雷器 FS2-10		—	1	—	—	—	—	—	—	—	—	—	—			—	—	—	—	—	—	—	—	—	—
操作机构 xxx(DC 220V)		—	1	—	—	—	3	—	1	—	1	—	1			—	1	—	1	—	3	—	—	—	1
二次接线方案		电源进线保护型		由供电部门确定		PT柜		馈线保护型		变压器保护型		母联保护型		不设		变压器保护型		馈电保护型		PT柜		由供电部门确定		电源进线保护型	
电缆型号铜芯10kV矿物绝缘组合电缆		由供电部门确定		计量柜		电压互感器柜		馈电柜		变压器		联络柜		联络柜		变压器		馈电柜		电压互感器柜		计量柜		由供电部门确定	
用途		进线柜		计量柜		电压互感器柜		馈电柜 -3×120		变压器 -3×120		联络柜		联络柜		变压器 -3×120		馈电柜 -3×120		电压互感器柜		计量柜		进线柜	
容量		5850kW						1600kVA		1250kVA						1000kVA		2000kVA						5850kW	
备注		由1#变电站引来电源								B4变压器						B4变压器		B2变压器						由2#变电站引来电源	

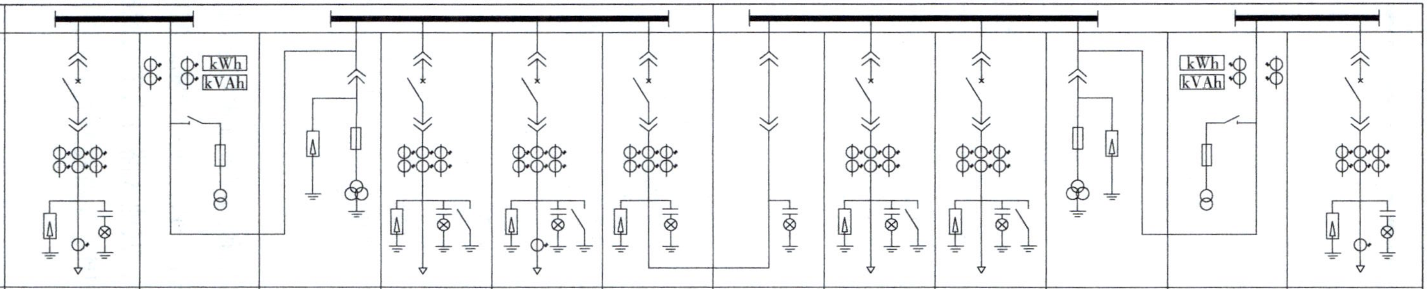

图5-14 两路电源互为备用系统图（平时每路电源各带50%负荷）

注：
1. 两路10kV电源，平时各带50%，任一路停电时，另一路应能带全部负荷，能满足一级负荷要求。
2. 高压柜型号为KYN28-12型，高压配电系统应采用微机保护系统，整定值应与供电部门协商确定。
3. 计量柜上应装设电压监测仪表。电流互感器要求采用两组保护次级，按定时限整定，准确等级选用两组保护次级，准确等级为0.2S，电压互感器要求选用两组保护次级，准确等级为0.2S。
4. G1柜和G12柜应与G6柜设电气联锁。当一路电源G1（或G12）柜跳闸时，G6柜才能手动延时合闸。
5. 电压、电流互感器、高压熔断器二次回路应采用RW-2.5mm²导线，施工时导线应采用接线端子接线。
6. 高压避雷器、微机保护等均应按设计要求选型，微机保护与楼宇控制的配套软件。
7. 信号屏及后台机、后台配置应按设计要求提供，计量二次回路导线应颜色采用黄、绿、红三色区分相别。
8. 加工前应与设计单位联系交底，高压配电系统应通过供电部门审查后方可加工。未注明或未提到之处严格按设计规范及供电部门的有关要求实施。

37

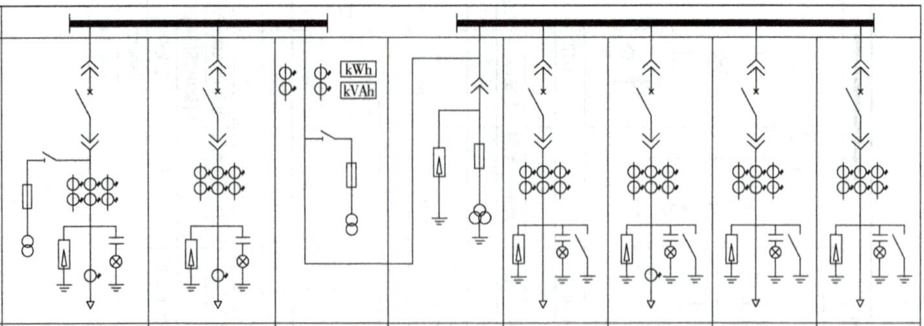

母线 TMY-3(100×8)																
一次线路方案																
开关柜编号		G1		G2		G3		G4		G5		G6		G7		G8	
开关柜型号 KYN28-12型																	
开关柜设备名称（型号）		规格	数量	规格	数量	规格	数量	规格	数量	规格	数量	规格	数量	规格	数量	规格	数量
真空断路器 ××××/12, 1250A/31.5		—	1	—	1					—	1	—	1	—	1	—	1
高压熔断器 RN1-10						—	3	—	3								
电流互感器 LZZBJ9-10W		500/5	3	500/5	3	500/5	2			150/5	3	75/5	3	75/5	3	150/5	3
电压互感器 JDZJ-10						JDZ-10	2	—	3								
接地开关 ST1-UG										—	1	—	1	—	1	—	1
氧化锌避雷器 HYW-10		—	3	—	3					—	3	—	3	—	3	—	3
电压显示装置 GSN-10		—	1	—	1					—	1	—	1	—	1	—	1
避雷器 FS2-10								—	3								
操作机构 ×××(DC 220V)		—	1	—	1					—	1	—	1	—	1	—	1
二次接线方案 微机保护		电源进线保护型		电源进线保护型		由供电部门确定		PT柜		馈电保护型		变压器保护型		变压器保护型		馈电保护型	
电缆型号规格10kV矿物绝缘电力电缆		由供电部门确定		由供电部门确定						—3×120		—3×120		—3×120		—3×120	
用途		进线柜（备用）		进线柜（常用）		计量柜		电压互感器柜		馈电柜		变压器		变压器		馈电柜	
容量		5850kVA		5850kVA						1600kVA		1250kVA		1000kVA		2000kVA	
备注		由1#变电站引来电源		由1#变电站引来电源								B1变压器				B2变压器	

注：1. 两路10kV电源，一用一备，任一路停电时，另一路应能带全部负荷。有时备用电源只能满足二级以上负荷容量，这时常用电源停电时，当备用电源供电之前应切除二级以下负荷，保证安全供电。
2. 高压柜型号为KYN28-12型，高压配电系统保护采用微机保护系统，按定时限整定，整定值应与供电部门协商确定。
3. 计量柜上应装设电压监测仪表，电流互感器要求选用两组次级，准确等级为0.2S，电压互感器选用两组次级，准确等级为0.2级。
4. G1柜和G2柜应设电气联锁，两个柜不能同时接通，当一路电源G2柜跳闸（或失电）时，才能手动延时合闸G1柜。
5. 电压、电流二次回路应采用RW-2.5mm²导线，施工时导线应采用接线端子接线，计量二次回路导线颜色应采用黄、绿、红三色区分识别。
6. 高压元器件、微机保护等应严格按设计要求选型，微机保护二次原理方案应由供电部门审核后方可实施，以满足供电部门要求。
7. 信号屏及后台机，后台机配置要求提供与楼宇控制的通信协议相应的配套软件。
8. 加工前应与设计单位联系交底，高压配电系统应通过供电部门审查后方可加工，未注明或未提到之处严格按设计规范及供电部门的有关要求实施。

图 5-15 两路电源一用一备系统图（两路电源互为备用）

固定分隔式配电柜特点：固定分隔式配电柜介于固定式配电柜和抽屉式配电柜之间，固定分隔式配电柜是把柜子分成若干个隔断，分隔方式与抽屉式基本一致，固定分隔式配电柜的配电回路断路器采用插拔式断路器，维修时只需将断路器拔出，其他线路与固定式配电柜接线基本一致，固定分隔式配电柜价格与抽屉式配电柜差不多。固定分隔式配电柜适合出线回路多的场所，多用于可靠性要求较高的用电设备。

低压配电柜在选用时不能简单地认为抽屉式比固定分隔式好，固定分隔式比固定式好，各有优缺点。抽屉式配电柜的配电主回路及二次接线靠插头连接，这点可靠性就不如固定式配电柜，除上述各种配电柜的优缺点外，还与项目的定位、负荷性质及使用场所等诸多因素有关。固定式配电柜最大的优点还可以靠墙安装，节约空间。低压配电系统选用抽屉式配电柜时应充分考虑一定数量的备用抽屉，否则，维护更换的优点也形同虚设。

低压配电系统一般由进线柜、联络柜、馈电柜及无功补偿柜组成。每种功能基本规定要求如下：

1. 低压配电系统电源进线柜主要是对低压母线进行短路和过负荷保护，同时也应满足低压配电系统维护分断的需求，进线柜一般设隔离开关和断路器，或抽出式断路器，隔离开关主要是维修断路器及下端配电系统用，有明显的断开点，隔离开关应设在电源端，抽出式断路器抽出后相当于隔离开关断开，维修断路器及下端系统也很安全，一般800A以上都选用抽出式框架断路器。断路器保护一般设短路保护、瞬时过负荷保护、长延时过负荷保护。在进线柜断路器下端宜设一个为变压器温度检测的配电回路。

2. 低压母联柜的母线分段开关宜采用断路器，在分段保护断路器两侧应设隔离开关，当采用抽出式断路器时，可不设隔离开关。分段保护断路器和隔离开关的整定值一般与进线柜大小一样，如果两台变压器容量不一样大时，可按容量较小的变压器侧的断路器选用整定值。断路器保护一般设短路保护、瞬时过负荷保护、长延时过负荷保护。

3. 低压馈电柜如果采用固定柜时，一般每个馈电柜设一个总隔离开关，下设多个配出回路断路器，隔离开关主要是维修断路器及下端配电系统用。如果采用抽屉式柜型，每个抽屉只设断路器。抽屉抽出有明显的断开点。固定分隔式配电柜一般采用插拔断路器，断路器维修时只需拔出断路器。配电回路断路器需设过负荷保护和短路保护。

4. 无功补偿柜是为低压配电系统提供无功补偿所需电容器的切换和控制设备。根据无功补偿量的大小来计算电容器安装容量，补偿容量较大时一个柜体不能满足安装电容器的需要，还需增加辅柜，辅柜仅安装电容器及相应的切换开关及保护，辅柜不设无功补偿控制器。无功补偿投切过程较为复杂，下面就民用建筑中低压无功补偿电容器如何分组做一论述：

1）无功补偿的分组投切有三种方式，编码投切、程序投切（或称为寻优投切）和循环投切。编码投切就是根据需要和运行情况把电容器分组（每组电容器容量有所不同）并编码，编码电容器组的容量大小就已确定，然后按照设置的程序进行投切控制。程序投切也是按照固定的电容器分组，以寻优的程序进行投切控制，与编码投切原理大同小异。

2）目前有两种投切开关，接触器投切和固态继电器投切，后者投资较大，投切时易产生谐波，在民用建筑的配电中很少选用。

3）现在有的设计师或机电工程师认为：电容器分成不同容量的电容器组，在投切时可根据需要补偿的容量大小投切相应容量的电容器组，想法很好，但是配电系统中无功功率是在不停变化的，编码投切和程序投切有可能反复投切的是某一组，从而造成反复投切的那组电容器和接触器过早老化，电容器老化程度参差不齐对后期运营维护造成很大麻烦。

4）民用建筑的瞬时用电和瞬时无功功率是无法在设计阶段预知的，编码投切控制和程序投切控制也无法编程。循环投切相对简单可行，循环投切控制就是把补偿电容器分成容量相同的若干个相同容量的组，然后根据投入电容器的多少进行循环切换，这种切换方式安装和调试简单。循环投切方式顾名思义，先投入的先切除，先切除的先投入的原则，每组电容器的投切次数和运行时间基本是均衡的，电容器的老化程度也是一致的，不会出现有的电容器反复投切，有的电容器基本闲置的情况，循环投切是目前比较常用的电容器自动补偿控制器的投切方式。

5) 现在有的电容器投切控制器对每组电容器的使用时间和投切次数都有记录，通过分析可以均衡每组电容器的投切次数和运行时间，有的控制器还有电容器故障检测功能，对电容器衰老等参数进行统计，对电容器故障进行报警。

6) 常用的循环投切控制器输出控制路数有6、8、10、12路可选。在一个低压配电系统中，无功补偿一般使用一个补偿控制器，即是一个柜子的补偿电容器容量不能满足需求，需再设一台电容器辅柜，那么另一台电容器辅柜也应受控于主柜补偿控制器。

7) 上述传统的无功补偿主要是三相共补的无功补偿，仅三相共补已不能满足最佳的补偿要求了。在民用建筑中，单相负荷比例也比较大。要想更好地消除配电系统中的无功功率，正确选择无功补偿方式是非常有必要的，无功补偿"共补"与"分补"相结合的方式完全满足了民用建筑配电的无功补偿。

8) 无功补偿设计时要综合考虑的主要问题有补偿方案采用三相共补和分补、电抗率、补偿级差（每组电容器容量大小）等，补偿容量确定之后再确定一台柜子内部空间是否能够满足电容器安装要求，如一台配电柜内部空间不能满足要求，需增加辅柜。

9) 低压智能一体式无功补偿装置一般分为共补和分补两种，智能一体式无功补偿装置既可单台单独使用，也可以多台组网构成补偿系统使用，可方便地实现就地、分散、集中智能补偿功能，还能满足三相不平衡场合的混合补偿要求以及不同极差分步投切功能。

10) 使用混合补偿方案，要求进线柜采样必须采用三相互感器，例如系统中，A相需要无功20kvar，B相需要无功25kvar，C相需要无功30kvar，系统会首先投入一组20kvar的共补回路，然后再给B相投入一组5kvar的分补回路，给C相投入一组10kvar的分补回路，以最经济的投入满足系统对于无功的需求。

11) "智能一体式无功补偿装置"使低压无功补偿模块化、智能化，主要性能包括过零投切、保护、测量、信号联机等系列功能使工作性能更加稳定可靠。它的最大优点是共补和分补同时补偿、补偿级差小且分组灵活、不受投切回路数量限制等。

5. 常用低压配电柜的技术参数。

1) GGD交流低压配电柜：G表示低压配电柜；G表示固定安装、固定接线；D表示电力用柜。水平母线额定电流GGD3是3150A、GGD2是1600A；垂直母线额定电流GGD3是1250A、GGD2是1000A。壳体的防护等级可以做到IP20～IP40。每个配电柜1000A框架断路器可以安装1个配电回路、800A塑壳断路器可以安装2个配电回路、630A塑壳断路器可以安装4个配电回路、250～400A塑壳断路器可以安装4个配电回路、200A以下塑壳断路器可以安装6个配电回路、100A塑壳断路器可以安装12个配电回路。每个配电柜垂直母线应有隔离开关用于维修。

2）GCK交流低压配电柜：G表示柜式结构；C表示抽出式；K表示控制中心。水平母线额定电流3150A，抽屉回路最大电流3150A。该柜型要求与GCS柜型基本相同。

3）GCS交流低压配电柜：G表示封闭式开关柜；C表示抽出式；S表示森源柜型。GCS柜高2200mm，功能单元总高度（总有效安装配电回路高度）1760mm。水平母线额定电流4000A，垂直母线（MCC）额定电流1000A。GCS抽屉层高的模数（单元）为160mm。抽屉分为5个单元，每个单元所装的断路器额定电流：1/2单元，每个单元两个63A及以下；1单元，100~160A；1.5单元，200~400A；2单元，500A；3单元，630A。

4）MNS低压开关柜柜体抽屉类型：功能单元总高度（总有效安装配电回路高度）1800mm。水平母线额定电流5000A，垂直母线（MCC）额定电流2000A。抽屉每个单元（模数）安装高度200mm，其中：①1/4单元（即200mm高的空间布置4个抽屉，宽度为150mm）可装63A断路器4个；②1/2单元（即200mm高的空间布置2个抽屉，宽度为300mm）可装100A断路器；③1单元（抽屉高度为200mm）可装160A断路器；④1.5单元（抽屉高度为300mm）可装400A断路器；⑤2单元（抽屉高度为400mm）可装500A断路器；⑥2.5单元（抽屉高度为500mm）可装630A断路器；⑦3单元（抽屉高度为600mm）可装800A断路器。

6. 低压配电系统设计时应考虑的问题。

1）进线应设总进线开关，该开关应带短路和过负荷保护功能，同时也应考虑该保护开关方便维修，常用的是抽出式框架断路器，如果采用固定式断路器，应在电源端设隔离开关。

2）联络柜应设带短路和过负荷保护功能的开关，常用的也是断路器，如果采用抽出式框架断路器，两侧可不设隔离开关，如果采用固定式断路器，在断路器上下端应设隔离开关，下端隔离开关一般设在另一个柜子里。母联断路器宜选四极开关（带N极），否则应在联络柜处一点接地。

3）无功补偿柜根据无功补偿情况，如果一个柜子能满足补偿需求，尽量采用一个补偿柜，这样接线方便，如果一个柜子不能满足可增加一个辅柜，辅柜主要用于安装电容器可切换开关装置，不再安装无功补偿控制器。常规无功补偿控制器有12个控制回路，补偿容量可按要求分组，主柜和辅柜总的分组不应大于12个。

4）馈电柜应考虑每个回路的维修，在维修时应有明显隔断点，隔断点除切除需维修的配电回路外，不应影响其他回路配电正常使用，对停电维修要求不高的配电回路可几个回路设一个总隔离开关。

5）尽量把负荷等级相同和用途相同的负荷设计在一个配电柜内，消防负荷应与非消防负荷分柜设置。发电机作为备用电源时，应将消防负荷和非消防负荷设在不同的母线段上。

6）重要负荷的双电源尽量考虑热备，也就是说备用回路要求长期带电。

7）低压配电回路的主回路选用的隔离开关和断路器应考虑短路分断电流，一般至少比短路计算电流大一个等级，在距区域变较近的变电所，隔离开关和断路器的短路分断电流宜大两个等级。

8）剩余电流监控系统根据相关规范在需设置的配电回路上设置，低压监控系统或显示仪表根据需要设置。一般进线柜需设电压、电流、有功功率及无功功率表，可采用综合功能表。大型变配电所、要求标准较高和无人值守的低压配电系统宜设低压配电监控系统。

9）一般抽屉式配电柜的馈电回路断路器额定电流在400A及以下时多数选用塑壳断路器，也有个别用插拔式塑壳断路器（这个造价高，很少用，也占地方）。馈电回路断路器额定电流为630A时，盘柜厂愿意使用框架开关，框架开关施工方便，安全可靠，但造价高。如果设计师设计成630A的塑壳断路器也可以加工成抽屉式。800A以上的馈电回路不建议用塑壳断路器，操作不方便，建议采用框架断路器，如果选用800A的塑壳断路器，抽屉很难加工。

10）抽屉式开关柜馈电回路的互感器安装在抽屉内还是抽屉外，配电柜生产厂家建议：250A以下的配电回路互感器基本都安装在抽屉内；400A的配电回路互感器根据互感器的选型可以安装在抽屉内，也可以安装在抽屉外；630A及以上配电回路的互感器一般都安装在抽屉外。

11）低压配电系统图示例如图5-16、图5-17所示。

四、母联柜的设计

"母联柜"有时又称"联络柜"，"母联柜"与"联络柜"有相同之处，也有不同之处。母联柜，也称为母线联络柜，当系统有两路电源进线且两路互为备用时，母联柜用于将两路电源的主母线进行联通。联络柜主要用于电力系统中的交换，完成不同电路之间的切换和转换操作。

1. 10kV高压配电系统母联分析。

1）高压柜一般分为固定柜和手车柜，常见的母联柜一般是由"分断柜"和"隔离柜"组成。高压母联要有隔离柜，是因为母联"分断柜"下段母线上翻一个柜子空间不够，必须增加一个"上翻母排柜"。如果"上翻母排柜"不加隔离功能，"分断柜"下端始终带电，因此"上翻母排柜"必须装设隔离功能，安装隔离功能的"上翻母排柜"也被称为"隔离柜"。

2）手车式高压柜的"分断柜"是由手车与断路器组合而成，隔离功能靠手车实现，维修断路器时抽出装有断路器的手车即可。高压手车式配电柜的"隔离柜"是由手车隔离功能实现隔离的，如果"上翻母排柜"不加隔离功能，"分断柜"下端始终带电，根据手车柜

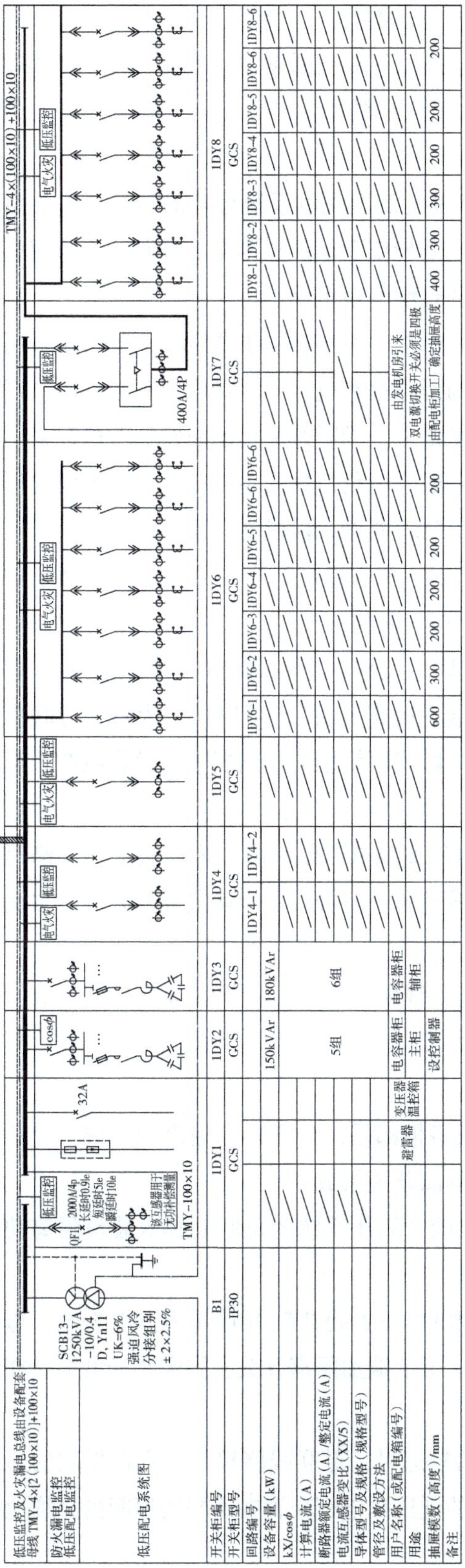

图5-16 低压配电系统图示例一

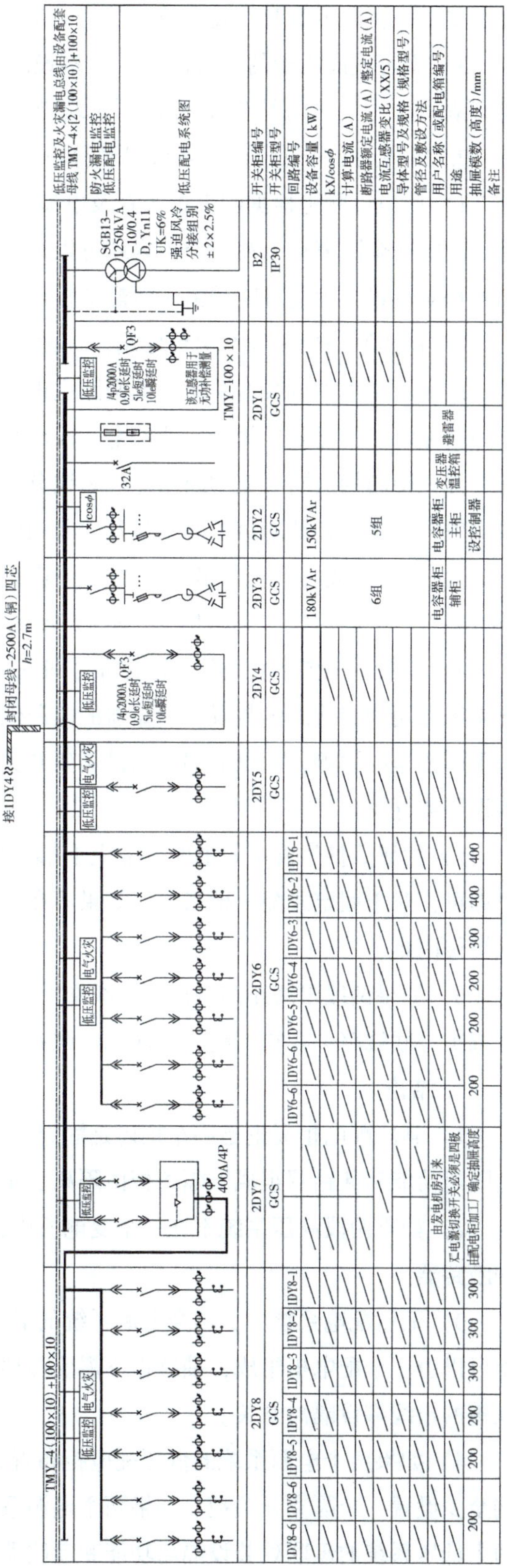

图5-17 低压配电系统图示例二

加工要求，柜内带电时，装有断路器的手车就被锁住，不能抽出维修。

3）固定式高压柜的"分断柜"上端设隔离开关，下端设断路器，如果"上翻母排柜"没有隔离功能，"分断柜"的断路器下端带电，也就无法维修。

2. 380V/220V低压配电系统母联分析。

1）低压母联柜根据配电柜布置及电流大小来确定低压配电系统母联的结构形式。由于低压配电安全距离小，在一个柜内就可以把母联馈电母排上翻。根据需要母联的两组配电柜布置相对位置，确定母联是由一台配电柜还是由两台配电柜组成。

2）低压联络柜一般有两种作用，一种是母线联络，另一种是母线分段。母线联络用于大于或等于2个主进线的系统。如两路主进线，当两路都有电源时，母联柜是断开的，当其中一路停电时，母联柜闭合，使停电一段母线恢复供电。母联开关柜的断路器一般都采用与进线开关柜同档次同电流的断路器。母线分段柜一般用于负荷性质不同，要求从不同的母线段供电的系统，如消防负荷要求与其他非消防负荷从不同母线段供电等。

3）根据上述，低压联络柜主接线也应有所区别，对于抽屉柜来说，母联断路器维护比较方便，对于固定式"母联柜"，其断路器的上端应设隔离。

4）相关标准要求："两个变电所之间的电气联络线路，应在两侧均装设断路器，当低压系统采用固定式配电装置，断路器的电源侧应装设隔离开关"。可以理解为对于母联来说上下端都是电源侧，所以下端也应设隔离开关。分段式联络柜的断路器下端没有电源，可以不设隔离开关。

5）抽屉式低压配电柜的断路器上下都有抽出隔离触点，能够起到隔离功能，维修时抽出即可，对于固定式配电柜来说，如果不在上翻线至另一段母线之间设置隔离开关，二次元件维修困难。

6）如果两段母线距离较远，出线端至另一段母线距离较长，再不设隔离功能，对使用和维护母联线路都存在问题，二次元件维修也很困难。

3. 结论。

1）高压配电柜无论是手车柜还是固定柜，联络柜都是由分断柜和隔离柜组成，分断柜由隔离功能和断路器组成，隔离柜由隔离手车或隔离开关组成。

2）如果两段高压系统不在一个变电所内，在两个高压系统的母联处都应装设隔离功能和断路器。

3）低压配电系统中，两个电源系统的低压配电柜布置距离较近时（不大于3m），母联柜可以由一个配电柜组成，抽屉柜不需要在抽屉的上下端加隔离开关，固定式配电柜应在母联柜的出线端设隔离开关。

4）如果两个电源系统的低压配电柜布置距离较远时，母联线路较长，宜在母联的另一端至少设置一个隔离开关柜。如果两个电源系统的低压配电柜布置在不同的房间内，均应在两个低压系统的母联处装设隔离功能和断路器。

第六章　民用建筑内柴油发电机系统

一、柴油发电机选择原则

1. 在民用建筑中，选用的柴油发电机功率最大不宜超过 2000kW，有以下情况时，需设自备应急柴油发电机组。

1）为保证一级负荷中特别重要的负荷用电，有的工程项目即使有从市电引来的第三电源，也必须自备发动机，有的一级负荷项目即使满足两路市电电源，也要自备发电机，如大型剧院、高级宾馆、通信、医院等运营的场所；双重电源中的一路为冷备不能满足消防电源允许中断时间的也要设发电机。

2）用电负荷为一级负荷，但从市电取得第二电源有困难或技术经济不合理时。

2. 发电机的选型：发电机组有常载功率和备载功率，需根据供电情况进行选择。发电机组常载功率（PRP）是指用于不限时间向各类电气负载供电的功率。发电机组备载功率（ESP）是指适用于市电停电期间向各种电气负载供电的功率。

二、发电机房选址及设计

1. 柴油发电机房可布置于建筑物的首层、地下一层或地下二层，当地下超过三层时，不应布置在地下三层及以下；发电机间、控制室及配电室不应设在厕所、浴室或其他经常积水场所的正下方或贴邻。对于通道及空间的考虑，应以能满足机组运送、安装、服务及维护的空间需要为前提。

2. 机组宜靠近变电所及需要发电机配电的配电箱附近，考虑发电机供电的电缆路径最短且敷设方便，供电线路应符合相关规范要求的敷设条件（耐火阻燃等要求）。发电机如果输出多个回路，且多个回路不在一个地方，这时应在发电机房设配电柜。

3. 发电机房在地下层时，应有通风、防潮，机组的排烟、消声和减振等措施并满足环保要求。机房内应有足量的新鲜空气供机组燃烧及冷却使用，当自然通风不能满足要求时，应采用机械通风系统，各发电机的送排风口及新风量见表6-2。

4. 发电机房除设发电机间外，还应设储油间，宜设控制及配电室、备品备件储藏间等。储油间应采用耐火极限不低于3.00h的甲级防火隔墙与发电机间分隔，确需在防火隔墙上开门时，应设置甲级防火门。发电机房根据发电机用油量可设多个储油间，每个储油间储存油量不应大于 $1m^3$，多个发电机在同一个发电机房时，每个发电机宜独立设一个储油间。储油间的油箱应密闭且应设置通向室外的通气管，通气管应设置带阻火器的呼吸阀，油箱的下部应设置防止油品流散的设施。

5. 民用建筑内的柴油发电机房，应设置火灾自动报警系统、自动灭火设施或移动式或固定式灭火系统。除高层建筑外，在建筑物外设置独立柴油发电机房时，除有特殊规定者外，可不设置自动灭火系统。

6. 发电机房的布置要求。机房中排烟系统是通过固定在顶棚上的悬架固定的，如果建筑物的结构不允许该种做法，则需要从地面将排烟管路支撑。排烟管距离地面至少应有 2.3m，以保证地面行经人员的安全，防止意外碰撞。当周围环境对振动或噪声要求极高，发电机组应安装在专用隔离振动基础上，从而减少振动对建筑物的影响。基础重量的抗动载荷至少应是机组自身重量的两倍。隔离基础应该高于地板 150mm，便于发电机组的维修和维护。

7. 保证机房内自动化柴油发电机组的正常运行的前提是适宜的机房环境。因此机房内的进风与排风起关键作用。进风量包括发动机进风量、发动机和水箱散热的冷却空气量。进风口和排风口净流通面积按大于 1.5 倍散热器迎风面积计算。自然进风口、排风口的面积可参考见表 6-2。

8. 对消声要求较高的场所，可加进风、排风消声器和二级排烟消声器。

9. 发电机布置尺寸要求见表 6-1。

表 6-1 发电机布置尺寸要求　　　　　　　　　　（单位：m）

项目		容量/kW			
		150 以下	200~400	500~1500	1600~2000
机组操作面	A	1.5	1.5	1.5~2.0	2.0~2.5
机组背面	B	1.5	1.5	1.8	2.0
机组间距	C	1.5	1.5	1.5~2.0	2.5
发电机端	D	1.5	1.5	1.8	2.0~2.5
柴油机端	E	0.7	1.0	1.0~1.5	1.5
机房净高	H	3.0	3.0	4.0~5.0	5.0~7.0

10. 发电机房平面布置示意图如图 6-1 所示。

三、发电机配电及通信联络要求

1. 发电机房应与变电所及消防中心设应急启动联锁线路，规范要求发电机启动信号宜从低压总进线开关辅助触点（常开触点）引来，本人建议从常用供电母线引来电源可作为

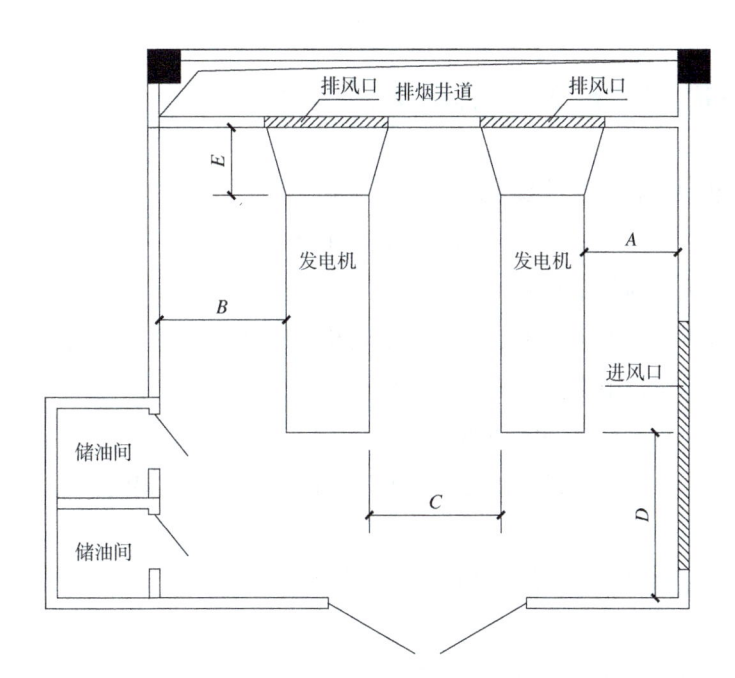

图 6-1　发电机房平面布置示意图

注：两台发电机的进风口应满足两台发电机的进风量

启动发电机信号，同时该电源也可为发电机电池充电。从机组输出开关至分配电箱的输出电缆应为柔性结构。电力输出电缆应与控制电缆分开。

2. 当有要求时，控制柜内宜留有通信接口，并可通过 BAS 系统对其实时监控。

3. 应为发电机自启动的电池提供交流 220V 充电电源，电源开关额定电流大于 16A 即可。

四、接地

1. 接地内容。工作接地：发电机中性点接地。保护接地：电气设备正常不带电的金属外壳接地。防静电接地：燃油系统的设备及管道接地。直接接地和阻抗接地：对于交流电压 1000V 以下系统，一般选用直接接地；对于高压系统，接地和故障保护、过流保护放在可靠性之前，一般需要阻抗接地，通常采用接地电阻，接地电阻值根据系统不同也不一样。

2. 配电系统接地。TN 接地系统中，低压柴油发电机中性点接地方式，应与变电所内配电变压器低压侧中性点接地方式一致，并应满足以下要求：

1）当变电所内变压器低压侧中性点，在变压器中性点处接地时，低压柴油发电机中性点也应在其中性点处接地。

2）当变电所内变压器低压侧中性点，在低压配电柜处接地时，低压柴油发电机中性点不能在其中性点处接地，应在低压配电柜处接地。

五、电动机启动对发电机功率的要求

按最大一台电动机启动条件校验发电机的容量，即

$$P_e \geq KP_1 + P$$

式中　P_e——发电机组的额定功率（kW）；

　　　K——发电机组供电负荷中最大一台电动机的最小启动倍数（启动倍数=启动电流/额定电流，根据电动机功率大小一般取 5~7）；

　　　P_1——最大一台电动机额定功率（kW）；

　　　P——在最大一台电动机启动之前，发电机已带的负荷（kW）。

六、发电机房设计所需的主要技术参数

发电机房设计所需的技术参数见表 6-2。

表 6-2　发电机房设计所需的技术参数

序号	备载功率/kW(kVA)	常载功率/kW(kVA)	尺寸(参考)(长/mm)×(宽/mm)×(高/mm)	重量/kg	排风口面积/m²	进风口面积/m²及风量/(m³/s)
1	88（110）	80（100）	2374×1050×1548	1534	0.9	0.7（3.44）
2	120（150）	110（138）	2530×1090×1646	1405	0.9	0.7（3.77）
3	140（175）	128（160）	2530×1090×1646	1517	0.9	0.7（5.6）
4	160（200）	145（181）	2463×1050×1811	1881	1.3	1.0（5.91）
5	200（250）	182（227）	2746×1100×1646	2050	1.3	1.0（7.93）
6	240（300）	220（275）	2800×1100×1871	2738	2.05	1.37（6.9）
7	280（350）	256（320）	2800×1100×1871	3035	2.05	1.37（6.9）
8	320（400）	288（360）	2686×1100×2180	3769	2.1	1.7（6.9）
9	360（450）	328（410）	2686×1100×2180	3799	2.1	1.7（6.9）
10	400（500）	364（455）	3376×1500×2192	4679	2.1	1.6（8.8）
11	440（550）	400（500）	3427×1500×2066	4130	2.2	1.7（8.8）
12	512（640）	466（582）	3680×1450×2050	4784	3.2	2.4（12.5）
13	565（705）	512（640）	3977×1702×2219	6210	4.4	3.4（17.5）
14	660（820）	600（750）	4090×1874×2098	6560	4.1	3.1（13.5）
15	720（900）	656（820）	4169×1689×2120	6882	3.3	2.5（13.1）

（续）

序号	备载功率/ kW（kVA）	常载功率/ kW（kVA）	尺寸(参考)（长/mm）× （宽/mm）×（高/mm）	重量/kg	排风口 面积/m²	进风口面积/m² 及风量/（m³/s）
16	850（1062）	810（1012）	4374×1785×2229	8057	4.5	3.5（18）
17	906（1132）	823（1029）	4374×1785×2229	8350	4.5	3.5（18）
18	1000（1250）	900（1125）	4722×1785×2241	8569	4.9	3.7（18.8）
19	1120（1400）	1000（1250）	5105×2000×2238	10075	4.7	3.6（27.1）
20	1340（1675）	1120（1400）	5690×2033×2330	10626	4.6	3.5（21.7）
21	1650（2063）	1500（1875）	6180×2286×2537	15945	6.7	5.2（26.4）
22	1800（2250）	1600（2000）	6180×2296×2537	15960	6.7	5.2（26.4）
23	2000（2500）	1800（2500）	6180×2494×3041	17790	10	6.8（31）
24	2200（2750）	2000（2500）	7108×2384×3403	24709	14.3	8.2（46.7）
25	2400（3000）	2200（2750）	7410×2481×3493	2524	10.5	8.7（46.7）

注：该表参数为参考参数，设计时以产品资料为准。水箱散热排风口可按发电机组宽和高尺寸预留，可根据实际发电机的水箱散热排风口尺寸进行二次封堵多余空间。发电机燃油消耗率约200~215g/kWh，进风口是出风口面积的1.5倍（进风为自然进风），发电机房层高宜4m以上。

七、发电机输油系统示意图

发电机输油系统示意图如图6-2~图6-4所示。

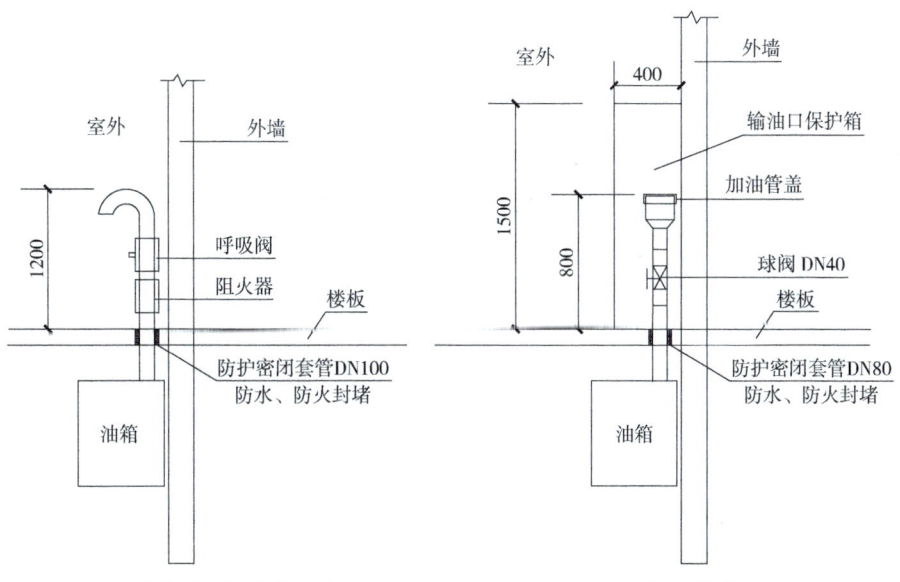

图6-2 油箱呼吸阀安装示意图

图6-3 油箱户外输油口

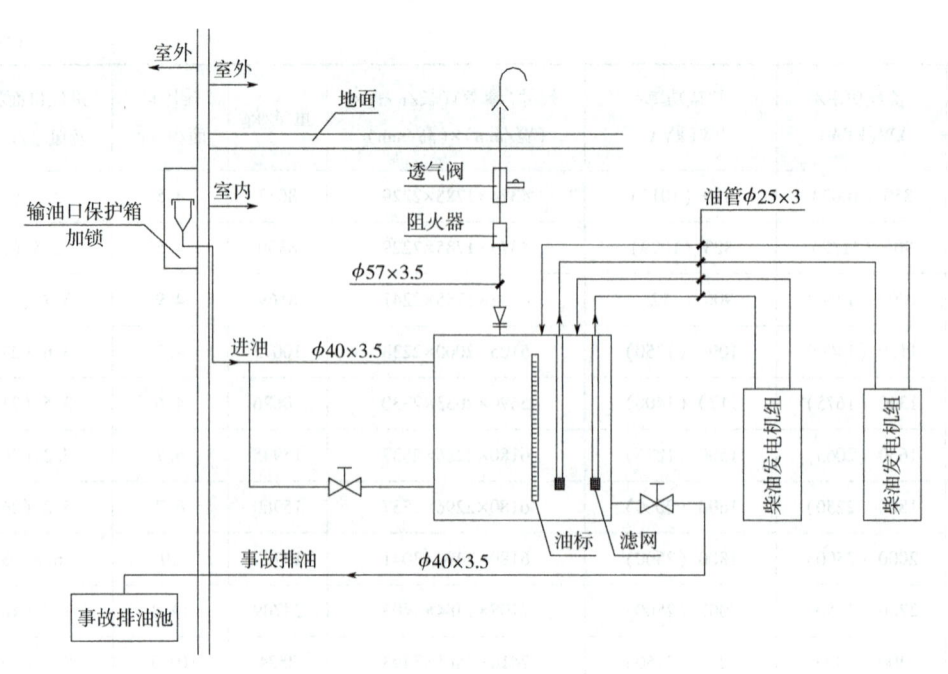

图 6-4 发电机油路管道示意图

注：1. 加油口应高出储油箱 0.5m 以上，透气阀与阻火器可以为一个设备。
    2. 事故排油池应低于储油箱 0.5m 以上，如果事故排油池因环境无法设置，可设临时排油箱。

第七章　配电系统及配电干线

一、配电干线须注意的问题

配电系统中配电干线是最主要的环节，须注意以下几个方面：

1. 配电线路有垂直和水平两种敷设方式，垂直敷设大多用于多层和高层建筑，水平敷设主要用于生产车间、面积较大的商业综合体等。

2. 根据负荷的分布情况、防火分区、负荷的重要性、负荷性质以及管理运维等需求，选择不同的供电方式，常用的供电方式有放射式供电、树干式供电及链式供电等。

3. 多层和高层建筑垂直配电干线常用的是树干式配电，树干式常用的配电导体有封闭母线、预分支电缆、电缆加T形接线端子（以下简称T接端子）及穿刺线夹等。

二、配电方式的选择

配电干线常用的配电方式有放射式、树干式、链式及放射与树干相结合的混合方式，每一种配电方式都有各自的优缺点。

1. 树干式配电的分支点在树干上而不在配电箱（或开关箱）内，链式配电的分支点在配电箱（或开关箱）内。

2. 放射式配电可靠性比较高，对容量较大和较重要的用电负荷宜从低压配电室以放射式配电，故障影响面小，经济性较低。

3. 树干式配电适合负荷等级要求不高、负荷性质相同和可统一管理的同类多个小负荷，优点是减少变配电所的低压配出回路，经济性较好，树干式配电所带负荷有同时需用系数，可以提高配电干线负荷。树干的每个分支需设短路和过负荷保护，该保护电器宜带有隔离功能。树干式配电缺点是主回路停电影响范围比较大。

4. 链式配电要求容量不超过10kW，连接的数量不超过5个，链式配电线路一般只在供电端设有总保护开关（断路器或刀熔开关），每个链接所带的负荷没有各自独立的保护开关（比如插座）。

5. 多层或高层建筑垂直配电干线常用的导体有以下几种形式：

1）封闭母线：绝缘有密集型、空气绝缘型、复合绝缘型、耐火型、防潮型等；导体芯数有 5 芯、4 芯、4+1 芯、3+2 芯；导体材料有铜芯、铝芯及铜包铝等，常用的还是铜芯。铜质封闭母线的最大允许电流可达到 6000A。母线有馈电母线和插接母线，一般采用 IP30 等级母线、楼层竖井宜采用 IP40 等级母线，潮湿场所宜采用 IP54 等级以上母线。封闭母线的缺点是在运行过程中，经常面临振动，时间久了会导致封闭母线原有的密封结构遭到破坏，需要定期维护。

2）预分支电缆：预分支电缆主干最大流量 1600A。预分支电缆的优点是供电稳定性好，预制分支接头采用工厂加工制作，整个预分支电缆内部导体无接头，大大减少了因现场制作电缆中间接头等人为因素造成故障点，电气连续性好。分支接头内部结构合理，保证了分支接头接触电阻小，不受热胀冷缩影响。具有优良的耐振性能、密封性能、防潮性能和耐火性能，特别是电缆经过建筑物沉降缝、伸缩缝处不需要采取其他保护措施，免维修保养。预分支电缆与普通电缆在多芯与单芯标注时有所不同，下面介绍两种不同的预分支电缆标注方法，这两种标注方法仅表示所有分支均为同一个截面，分支如有不同截面时，应标注在干线系统图上。

①标注方法一：

单芯分支电缆：如：YFD-YJV-4×(1×150)+1×70，支线 4×(1×50)+1×25 0.6/1kV。

多芯绞合型电缆：如：YFD-YJV-4×150+1×70，支线 4×50+1×25 0.6/1kV。

②标注方法二：

单芯分支电缆：如：YFD-YJV-4×(1×150/50)+1×70/25 0.6/1kV。

多芯绞合型电缆：如：YFD-YJV-4×150/50+1×70/25 0.6/1kV。

3）T 形接法：T 形接法一般是指电力电缆采用穿刺线夹或 T 接端子组成树干式供电。这种形式受电缆载流量的影响，配电回路电流最大一般做到 500A 左右。穿刺线夹施工方便，造价低，缺点是容易伤到电缆导体，影响干线载流量，宜造成穿刺线夹处短路。T 接端子经济性好、灵活方便，对施工要求高，耐久性差。穿刺线夹既然有优缺点，那就应该发挥它的优点，避免它的缺点。个人认为：穿刺线夹可用于临时用电、架空线路，不宜用于铠装电缆、埋地敷设电缆、分支较多的供电电缆、重要负荷的供电电缆、耐火及阻燃电缆，在线槽内也不宜采用。

6. 封闭母线与预分支电缆及 T 形接法的优缺点：预分支电缆只能使用于各个分支电气回路的负荷相对比较稳定的情况，不能应用在因建筑物使用功能的改变而引起整体用电负荷发生较大变化的场所。电缆一经加工生产，各分支电缆的容量将无法进行调整。而在总负荷不变化的情况下，封闭母线可以调整各个分支的用电负荷。封闭母线计算长度较为准确，散热性能好、过载能力强、分接方便，节省桥架，安全、方便。预分支电缆免维护，但无法切断分支。T 形接法和预分支电缆一般要有余量，需沿桥架敷设，相对提高了成本。

7. 结论：预分支电缆一般用于五个及以上分支回路且每个分支负荷基本相同才比较合

适，也比较经济。四个及以下小容量回路（截面面积 185mm² 的电缆载流量能够满足的负荷）可以采用 T 接端子或链接，双拼电缆不能采用树干 T 接分支。负荷较大时（截面面积 185mm² 的电缆载流量不能够满足的负荷）采用封闭母线比较合理，封闭母线对插接分支插接箱的数量没有要求。因此，住宅配电干线常用预分支电缆，商业及综合楼常用封闭母线，多层或高层照明等小负荷常用电缆 T 接端子。链接一般适合负荷较小且用电点小于五个的配电系统。

三、配电干线敷设方式

1. 电缆桥架在电气设计中是最常用的产品之一，但大多数设计中只标注了桥架的规格，对桥架的材料、形式及涂料都没有明确说明，任凭安装施工方选择，这样可能造成不良结果。

2. 桥架按材料分为金属、玻璃钢及 PVC 等。根据用途、安装场所及安装环境不同，电缆桥架的结构及材质也应有所不同。

3. 金属电缆桥架按结构分为梯式、托盘式、槽式、网格式等。金属材料有冷轧钢板、不锈钢及铝合金等。金属桥架按表面处理分为静电喷塑、镀锌、喷漆三种，有防火要求的刷防火涂料。

4. 玻璃钢桥架一般用在比较潮湿或有酸碱腐蚀的场所，如地沟、化工厂有腐蚀的车间等场所。

5. PVC 线槽规格尺寸一般都较小，多用于明敷沿墙安装，相对美观一些。

6. 梯式电缆桥架一般适用于室内外电缆架空敷设或电缆沟、隧道内，电缆截面面积较大的主干线路敷设使用。尤其适用于在建筑竖井内竖向敷设大截面电缆，也便于固定。

7. 托盘式电缆桥架适用于没有防火、防尘要求，截面面积较小的电缆或电线，一般也不加盖板。在建筑竖井内敷设的小规格电缆或电线，也宜采用托盘式桥架，托盘式桥架便于线缆固定，为了美观也可以加盖板。

8. 槽式电缆桥架一般配设盖板，可组成全封闭型桥架，可防尘、防火、防污染及防机械损伤，对弱电线路的电线电缆有抗干扰作用，有防火需求时刷防火涂料。槽式桥架对竖向安装的线缆无法固定。

9. 网格式桥架经济、重量轻、散热好、不防尘，适合敷设小规格线缆。

10. 配电干线采用单芯电缆时，在固定安装时要注意产生涡流，宜采用非导磁材料固定。

11. 在竖井内垂直敷设的电缆固定安装时应考虑线芯重量，垂直距离较大时可在适当位置做水平 S 弯固定，以免线芯自重太大与电缆绝缘层脱离。

四、配电干线的保护与开关设置

低压配电系统的设计应根据工程的种类、规模、负荷性质、容量及可能的发展等因素综合确定。低压配电系统的设计应符合下列规定：

1. 变压器二次侧至用电设备之间的低压配电级数不宜超过三级，即变电所为第一级，层配电间（或防火分区、单体建筑的配电间）为第二级，终端配电箱即用电设备的配电箱为第三级。

2. 各级配电箱（柜）宜留有备用回路，备用回路按使用回路的25%左右预留，预留回路容量大小宜按配电回路容量较多的回路容量预留，也可适当预留配电回路中没有的额定电流档，配电箱总开关容量应适当考虑备用回路被利用所增加的容量，总开关保护整定值应满足配电箱电源进线保护。一般总开关即电源进线负荷应有一定余量，大于计算负荷25%即可。

3. 配电干线在第一级配电箱即变电所配电回路应设短路保护及过负荷保护，第二级配电箱如果与变电所不在一个单体建筑内或不属于一个管理部门，那么在第二级配电箱进线端应设隔离、短路保护及过负荷保护功能电器，负荷较大时进线端宜设隔离开关和断路器，负荷较小时可设带隔离功能的断路器。隔离开关结构简单故障率小，有明显断开点，进线断路器及第二级配电箱内电气故障可断开隔离开关进行维修。进线如果采用带隔离功能的断路器，那么该断路器如果故障，就无法就近断开电源进行维修。如果第二级配电箱与变电所在一个建筑内且属于一个管理部门，那么由变电所引来的专用回路，在受电端配电箱（或转接箱）可不设短路和过负荷保护，但应设隔离开关；对于树干式供电系统的配电回路，受电端均应装设隔离开关和带有短路保护及过负荷保护功能的断路器。

五、放射式配电系统的画法

如图7-1所示的两种放射式配电系统的画法，都符合要求，第二种画法更加简单。

六、树干式配电系统的画法

树干式配电系统的画法如图7-2所示，左侧树干为母线，右侧树干为预分支电缆。

七、配电系统中各级配电开关的设置要求

配电系统中各级配电开关的设置要求如图7-3所示。

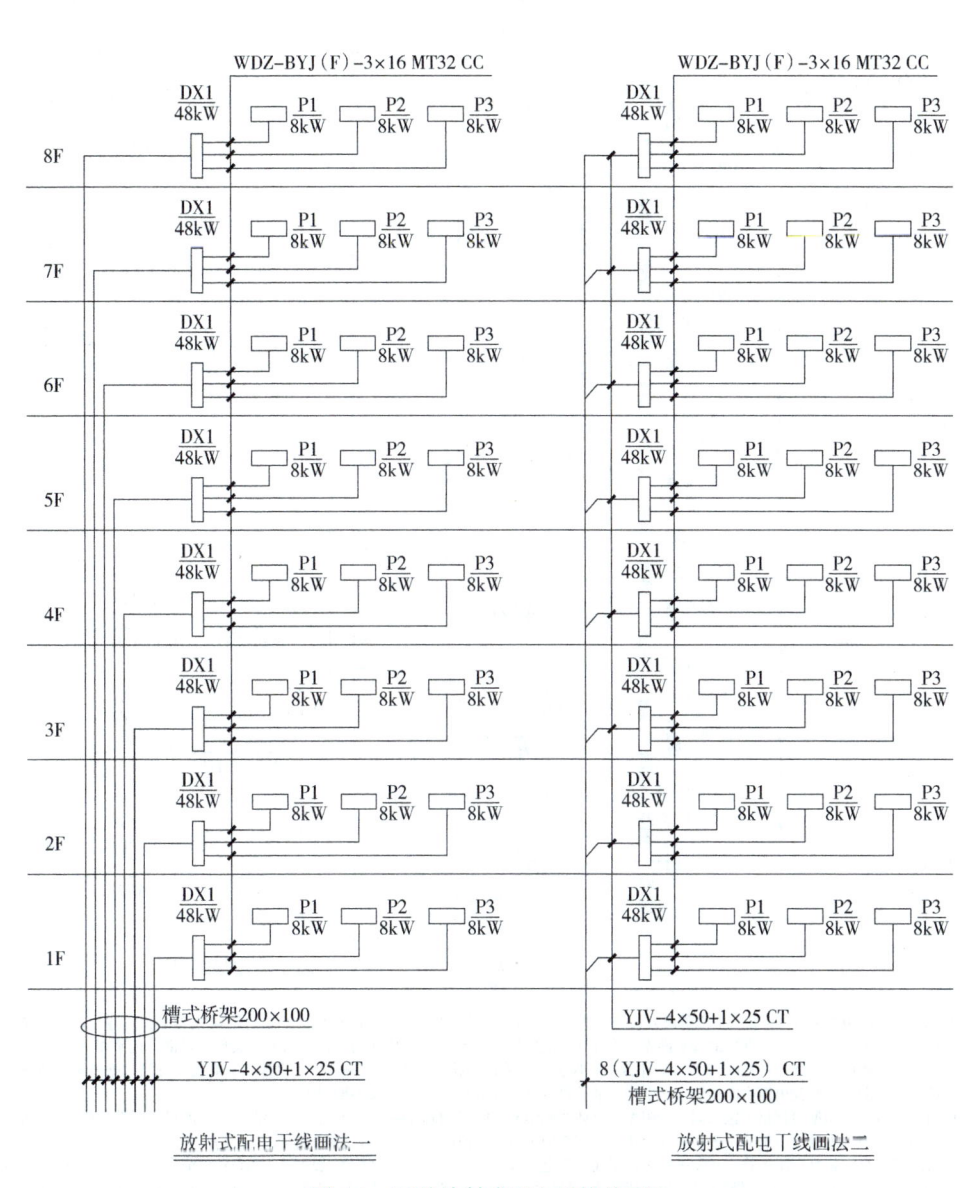

图 7-1 两种放射式配电系统的画法

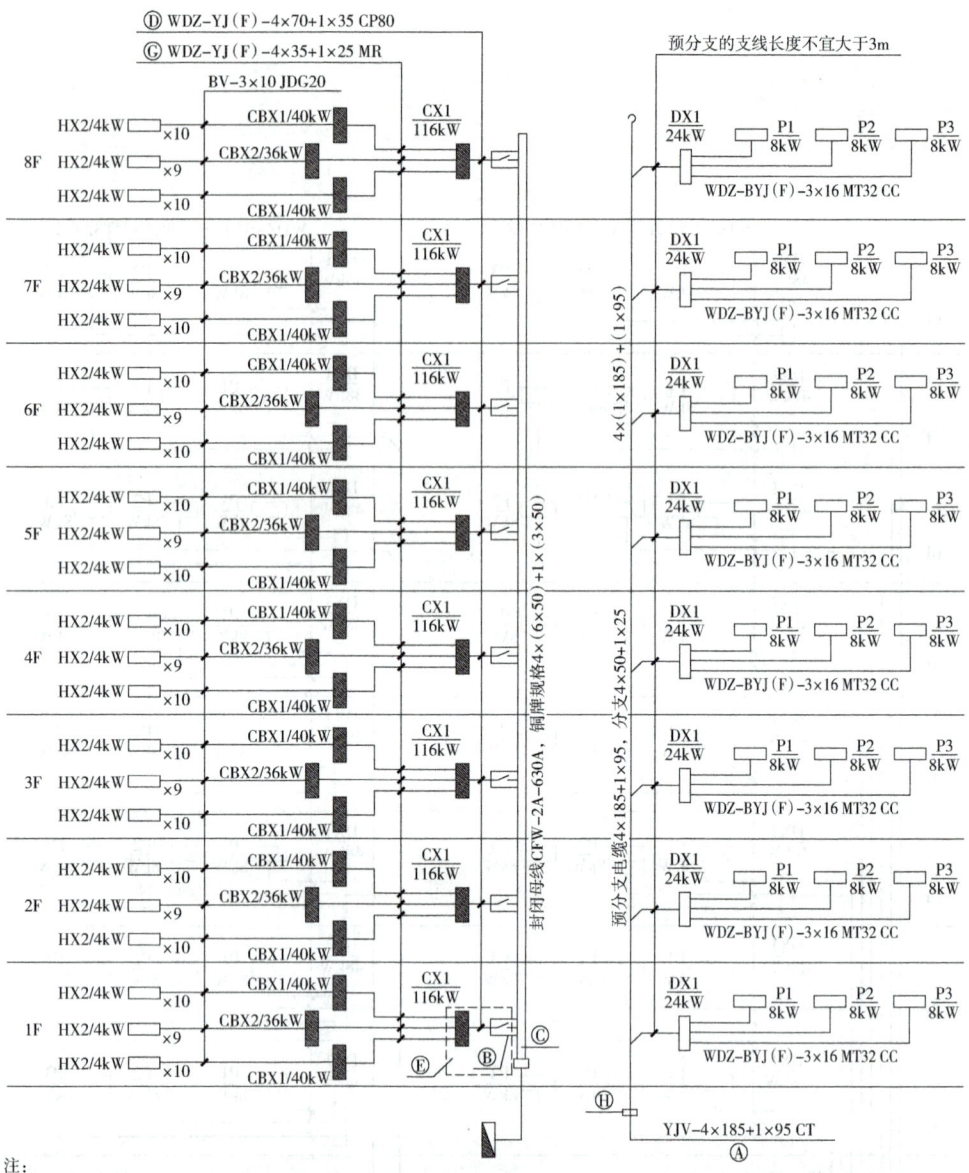

注：

A. 总进线要注明电源引自位置、电缆敷设方式、电缆型号规格（包括耐火、阻燃、导体线芯组5芯还是3+2芯或4+1芯、铜芯还是铝芯）。

B. 母线分支插接箱要注明所在层的安装高度（不标注可能默认1.3~1.5m），应注明插接箱内的开关型号规格，按照相关规范要求，分支处到配电箱距离超过3m，就应设短路保护，保护一般采用断路器。不超过3m，可不设保护，有需要分层切除电源的断路器应带分励脱扣，脱扣信号由断路器上端引来。插接箱本身带插拔触点，可以起隔离作用。

C. 封闭母线应注明型号规格（包括耐火、阻燃、导体线芯组5芯还是3+2芯或4+1芯、铜芯还是铝芯）。一路母线所带负荷可根据负荷性质和负荷大小确定所带分支多少，一个楼层可以带两个分支。原则是该段母线故障影响面不宜过大。

D. 母线插接分支箱至层配电箱，电缆选型应根据规范规定的敷设要求（耐火、阻燃或一般电缆）和负荷电流大小及负荷性质选择电缆型号规格。型号规格应注明耐火及阻燃等级要求、导体线芯组合（5芯还是3+2或4+1芯）、导体材料（铜芯还是铝芯）及敷设方式。

E. 层配电箱可以与插接分笼合成一个配电箱，插接分支箱内的开关相当于层配电箱的进线开关，层配电箱可不设进线开关，除非层配电箱与母线不在一起（不在一个配电竖井内，且超过3m）。

F. 层配电箱（防火分区配电箱即第二级配电箱）至末端配电箱（第三级配电箱）的电缆选型应根据规范规定的敷设要求（耐火、阻燃或一般电缆）和负荷电流大小及负荷性质选择电缆型号规格。型号规格应注明耐火及阻燃等级要求、导体线芯组合（5芯还是3+2芯或4+1芯）、导体材料（铜芯还是铝芯）及敷设方式。

G. 末端配电箱（用电设备配电箱即第三级配电箱）至用电设备（住宅户内箱与一组小负荷的配电箱均视为用电设备）的电缆应根据规范规定的敷设要求（耐火、阻燃或一般电缆）和负荷电流大小及负荷性质选择型号规格。型号规格应注明耐火及阻燃等级要求，导体线芯组合（5芯还是3+2芯或4+1芯）、导体材料（铜芯还是铝芯）及敷设方式。

H. 预分支电缆始箱根据需要设置，预分支距变配电室较远（30~50m以上）时此处应设始端箱，这时变配电室至始端箱可以采用与预分支主干线同规格的普通电缆引来。

图7-2 树干式配电系统的画法

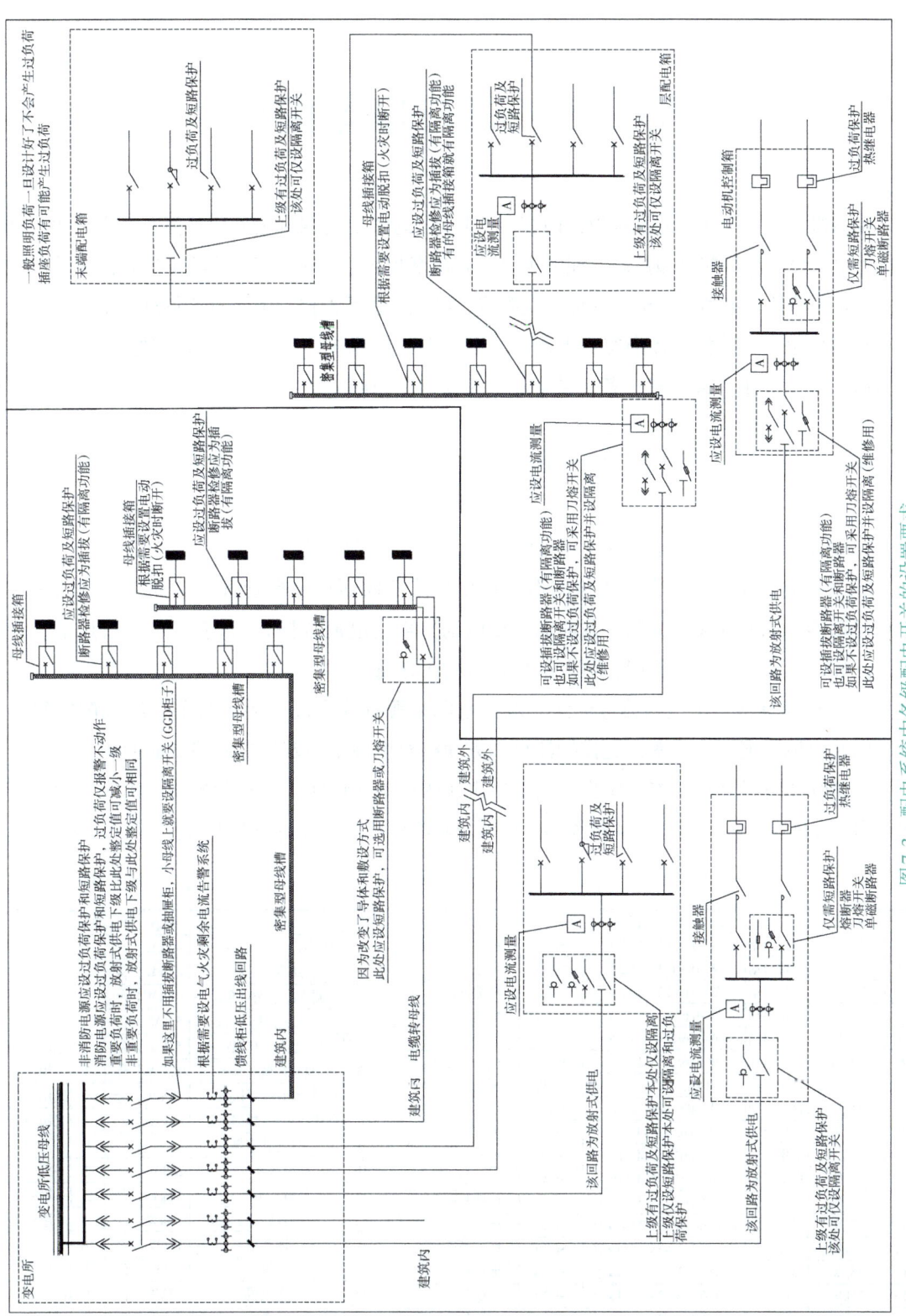

图 7-3 配电系统中各级配电开关的设置要求

第八章 动力设备配电

动力机房是每个建筑的基本设计内容，尤其是大型综合建筑和公共建筑都有动力机房。动力机房电气设计涵盖配电和控制，配电主要是大功率制冷机启动及变压器功率选择的要求，控制主要是传感器及电动执行机构的配电及配线，电气设备逻辑控制主要由控制器来完成。

动力机房主要图样设计内容：平面图、配电及控制系统、大功率设备（风机、水泵等）降压启动特性（重载或轻载、各启动电流大小及启动时间）。

一、动力机房平面图绘制技巧

1. 对所有用电设备进行编号，平面图只标注编号，图面简洁明了。

2. 对设备功率自小到大以表格的形式标出导线截面面积及穿管管径（如果采用的是星三角启动器，配电导线是 7 根，截面面积按电动机额定电流选择），该表基本是通用的，一次设计好，下次可以重复使用，可以减少以后的工作量。

3. 配电箱标注：配电箱编号标注一般把电源来源标注在配电箱编号前，组成配电箱编号，同时应标注配电箱功率，这样标注可以方便核对电源来源及配电线路截面面积。

4. 相关专业的要求及施工应注意的事项应在图样备注说明，再复杂的动力机房平面一张图基本可以解决。控制箱至电动机线路敷设表及制冷机房主要设备功率表见表 8-1、表 8-2。

表 8-1 控制箱至电动机线路敷设表

编号	电动机功率	启动方式	配电柜至电动机导线	穿管管径	导线敷设方式	备注
1	1.1kW	直接启动	W-0.6/1kV-4×2.5	SC25	埋地敷设	
2	1.5kW	直接启动	W-0.6/1kV-4×2.5	SC25	埋地敷设	
3	2.2kW	直接启动	W-0.6/1kV-4×2.5	SC25	埋地敷设	
4	3kW	直接启动	W-0.6/1kV-4×2.5	SC25	埋地敷设	
5	4kW	直接启动	W-0.6/1kV-4×2.5	SC25	埋地敷设	
6	5.5kW	直接启动	W-0.6/1kV-4×2.5	SC25	埋地敷设	
7	7.5kW	直接启动	W-0.6/1kV-4×4	SC32	埋地敷设	
8	11kW	直接启动	W-0.6/1kV-4×6	SC32	埋地敷设	
9	15kW	直接启动	W-0.6/1kV-4×10	SC40	埋地敷设	
10	18.5kW	直接启动	W-0.6/1kV-4×10	SC40	埋地敷设	
11	22kW	直接启动	W-0.6/1kV-4×16	SC40	埋地敷设	
12	30kW	软启动	W-0.6/1kV-3×25+1×16	SC50	埋地敷设	
13	37kW	软启动	W-0.6/1kV-3×25+1×16	SC50	埋地敷设	
14	45kW	软启动	W-0.6/1kV-3×35+1×16	SC50	埋地敷设	
15	55kW	软启动	W-0.6/1kV-3×50+1×25	SC70	埋地敷设	
16	75kW	软启动	W-0.6/1kV-3×70+1×35	SC70	埋地敷设	
17	90kW	软启动	W-0.6/1kV-3×95+1×50	SC80	埋地敷设	
18	110kW	软启动	W-0.6/1kV-3×120+1×70	SC80	埋地敷设	

表 8-2 制冷机房主要设备功率表

编号	设备名称	功率	单位	数量	备注
1	离心式冷水机组＜一＞	741kW	台	4	
2	离心式冷水机组＜二＞	400kW	台	2	
3	空调冷冻水循环泵＜一＞	110kW	台	5	四用一备
4	空调冷冻水循环泵＜二＞	55kW	台	3	二用一备
5	空调温水循环泵＜一＞	55kW	台	3	二用一备
6	空调温水循环泵＜二＞	18.5kW	台	3	二用一备
7	空调冷却水循环泵＜一＞	110kW	台	5	四用一备
8	空调冷却水循环泵＜二＞	55kW	台	3	二用一备
9	自动软水器			1	
10	补给水泵＜二＞	2.2kW	台	2	一用一备
11	补给水泵＜一＞	2.2kW	台	2	一用一备
12	补给水泵＜三＞	7.5kW	台	2	一用一备
13	冷却塔	15kW	台	10	
14	送风机	11kW	台	1	
15	送风机	5.5kW	台	1	
16	排风机	5.5kW	台	1	
17					

二、电动机运行及启动的相关要求

1. 星三角启动的电动机，启动时电动机的绕组是星形连接运行，星形连接时，由于加在电动机各相绕组的电压为相电压，即相电压 = 线电压（380V）/1.732 = 220V，这时线电流 = 相电流。电动机启动后，电动机绕组转为三角形连接运行，达到额定运行值，这时加在电动机上的电压为线电压（380V）。以 30kW 电动机为例：30kW 电动机额定值电流即线电流 I = 30/0.38/1.732/cosϕ = 60.7A 左右，cosϕ 取 0.75。流过电动机各相绕组的相电流 = 线电流÷1.732 = 35A。因此，电动机启动电流应按 35A 乘以启动倍数（启动倍数一般取 7 左右）来计算，而不是按 60.7A 来计算，简单可以认为星三角启动电流是直接启动电流的约 0.6 倍。电缆的选择是按电动机长期运行电流选择，不是按启动电流选择的。因此，星三角启动的电动机的电缆及接触器应按 35A 来考虑。电源侧的电缆以及控制柜断路器至接触器的连接线还应按 60.7A 选择，因为流过这段电缆的电流为线电流。

2. 电动机启动技术参考指标：超过电动机标定电流的称为过载，在标定电流工作称为额定负荷工作（重载），低于标定电流 50% 的称为轻载。

3. 一般风机、水泵等电气设备负荷为流体，不认为是重载启动。另外，如果管道阀门关闭的风机及水泵等属于自然轻载。如果管道内是空的，就是空载启动。如果泵侧有止回阀，就按止回阀外侧压力计算，只要管道止回阀存在就是有载荷情况，就要按照重载启动来计算。

4. 电动机启动对变压器容量的要求。

1）经常直接启动，电动机功率不大于变压器的 20%。电动机启动所需变压器功率的验证公式：

$$\frac{I_q}{I_n} \leqslant \frac{1}{C} \times \frac{\text{变压器功率}}{\text{电动机功率}}$$

即

$$\text{变压器功率} \geqslant C \frac{I_q}{I_n} \text{电动机功率}$$

式中　I_q——电动机启动电流；

　　　I_n——电动机额定电流；

　　　C——系数，随变压器容量变化而变化。

变压器功率与电动机功率比所得出的 C 值见表 8-3。

表 8-3　变压器功率与电动机功率比所得出的 C 值

变压器功率 电动机功率	1	1.5	2	2.5	3	3.5	4	4.5	5	5.5	6
C	1	0.750	0.625	0.550	0.500	0.465	0.438	0.417	0.400	0.381	0.375

2) 干式变压器过载与时间关系见表8-4。

表8-4 干式变压器过载与时间关系

过负荷倍数	1.2	1.3	1.4	1.5	1.6
允许持续时间/min	60	45	32	18	5

三、水泵房电气设计

1. 水泵房配电平面图示例如图8-1所示。

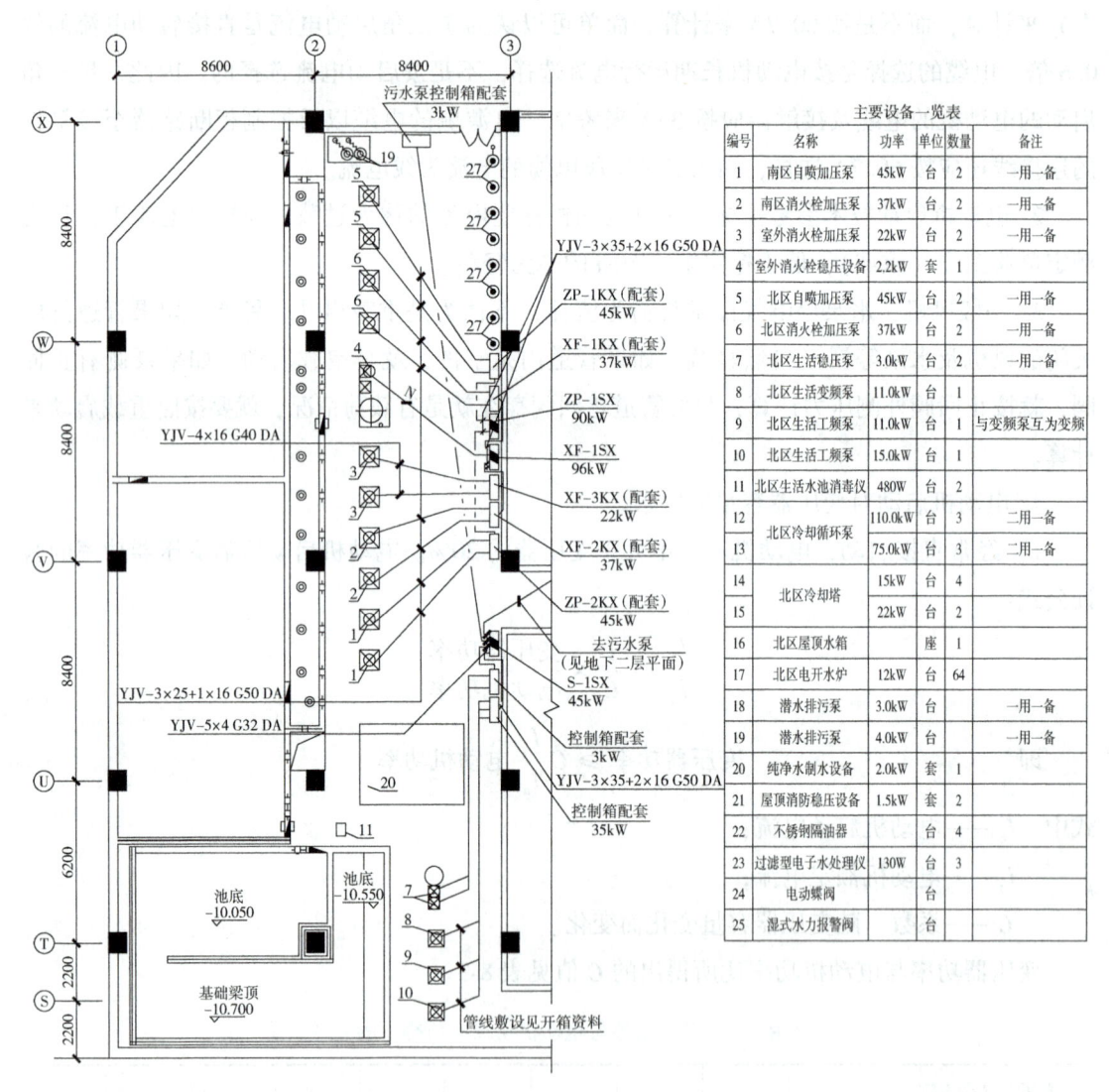

编号	名称	功率	单位	数量	备注
1	南区自喷加压泵	45kW	台	2	一用一备
2	南区消火栓加压泵	37kW	台	2	一用一备
3	室外消火栓加压泵	22kW	台	2	一用一备
4	室外消火栓稳压设备	2.2kW	套	1	
5	北区自喷加压泵	45kW	台	2	一用一备
6	北区消火栓加压泵	37kW	台	2	一用一备
7	北区生活稳压泵	3.0kW	台	2	一用一备
8	北区生活变频泵	11.0kW	台	1	
9	北区生活工频泵	11.0kW	台	1	与变频泵互为变频
10	北区生活工频泵	15.0kW	台	1	
11	北区生活水池消毒仪	480W	台	2	
12	北区冷却循环泵	110.0kW	台	3	二用一备
13		75.0kW	台	3	二用一备
14	北区冷却塔	15kW	台	4	
15		22kW	台	2	
16	北区屋顶水箱		座	1	
17	北区电开水炉	12kW	台	64	
18	潜水排污泵	3.0kW	台	2	一用一备
19	潜水排污泵	4.0kW	台	2	一用一备
20	纯净水制水设备	2.0kW	套	1	
21	屋顶消防稳压设备	1.5kW	套	1	
22	不锈钢隔油器		台	4	
23	过滤型电子水处理仪	130W	台	3	
24	电动蝶阀		台		
25	湿式水力报警阀		台		

图8-1 水泵房配电平面图示例

2. 水泵房非标控制箱主回路系统图如图 8-2 所示。

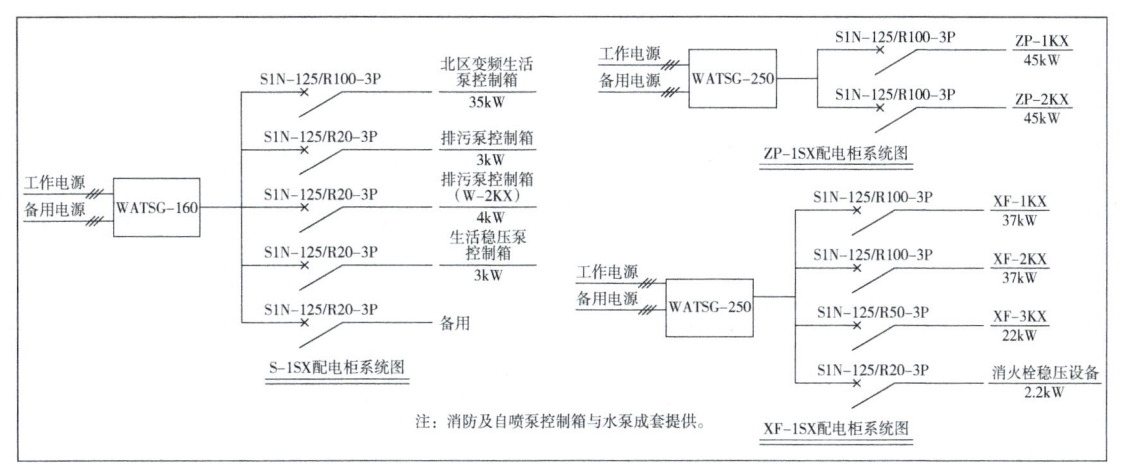

图 8-2 水泵房非标控制箱主回路系统图

四、动力站电气设计

1. 动力站非标控制箱主回路系统图如图 8-3 所示。
2. 制冷机房配电平面图如图 8-4 所示。
3. 双电源配电柜及动力柜均为第二级配电柜，该动力配电柜包含电动机控制主回路设备。双电源配电柜下端所带的第三级配电柜一般不在配电干线系统图中绘出，如果所带的动力配电柜与双电源配电柜不在一起，有线路需要标出的也应绘制到干线图上。动力站配电干线示意图如图 8-5 所示。
4. 建筑内部的动力机房主要包括冷热源设备、给水排水设备。动力机房的设备以暖通工艺设计为准，不同的建筑，不同设计师的设计方案有所不同。某动力站及给水排水系统测控点位图如图 8-6 所示。

五、风机房的配电设计技术

风机房和空调机房是民用建筑电气设计必不可少的内容，人型建筑基本都有通风、集中空调及消防排烟和正压送风，这些机房内的设备都需要电气工种进行配电和控制设计。为了简化电气工种的设计工作，下面提供了一些精简的设计示例。

风机房设计图样主要有平面电气布置图，个别复杂的需要电气剖面图，尤其是对电气供电接点高度不明朗的地方需要剖面布置图。电控箱，在这里之所以称为电控箱，主要是因为一般风机房设计配电与控制是同时完成的。电控箱加工图样应包含箱体图、配电系统图和控制原理图。

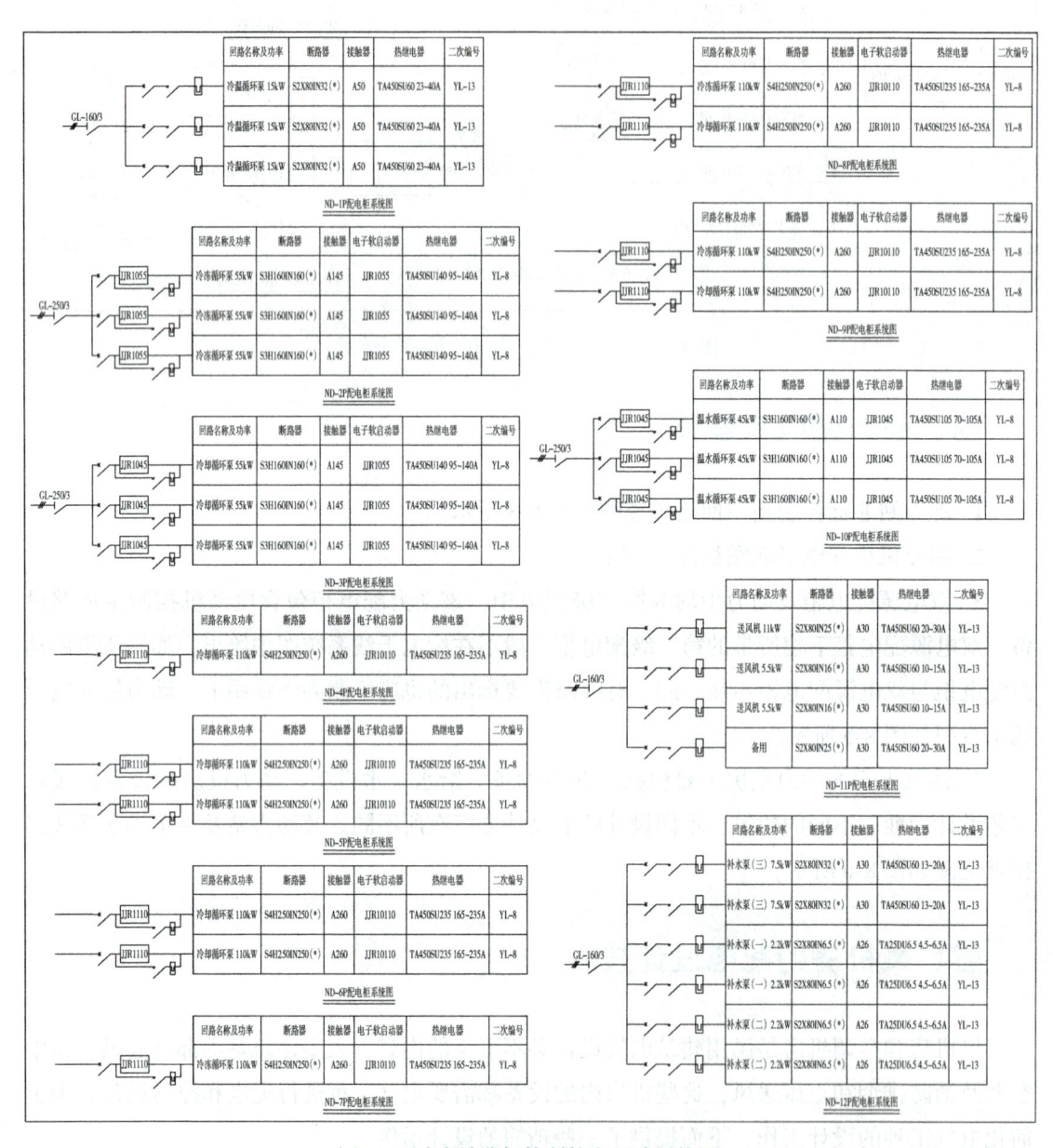

图 8-3 动力站非标控制箱主回路系统图

第八章 动力设备配电

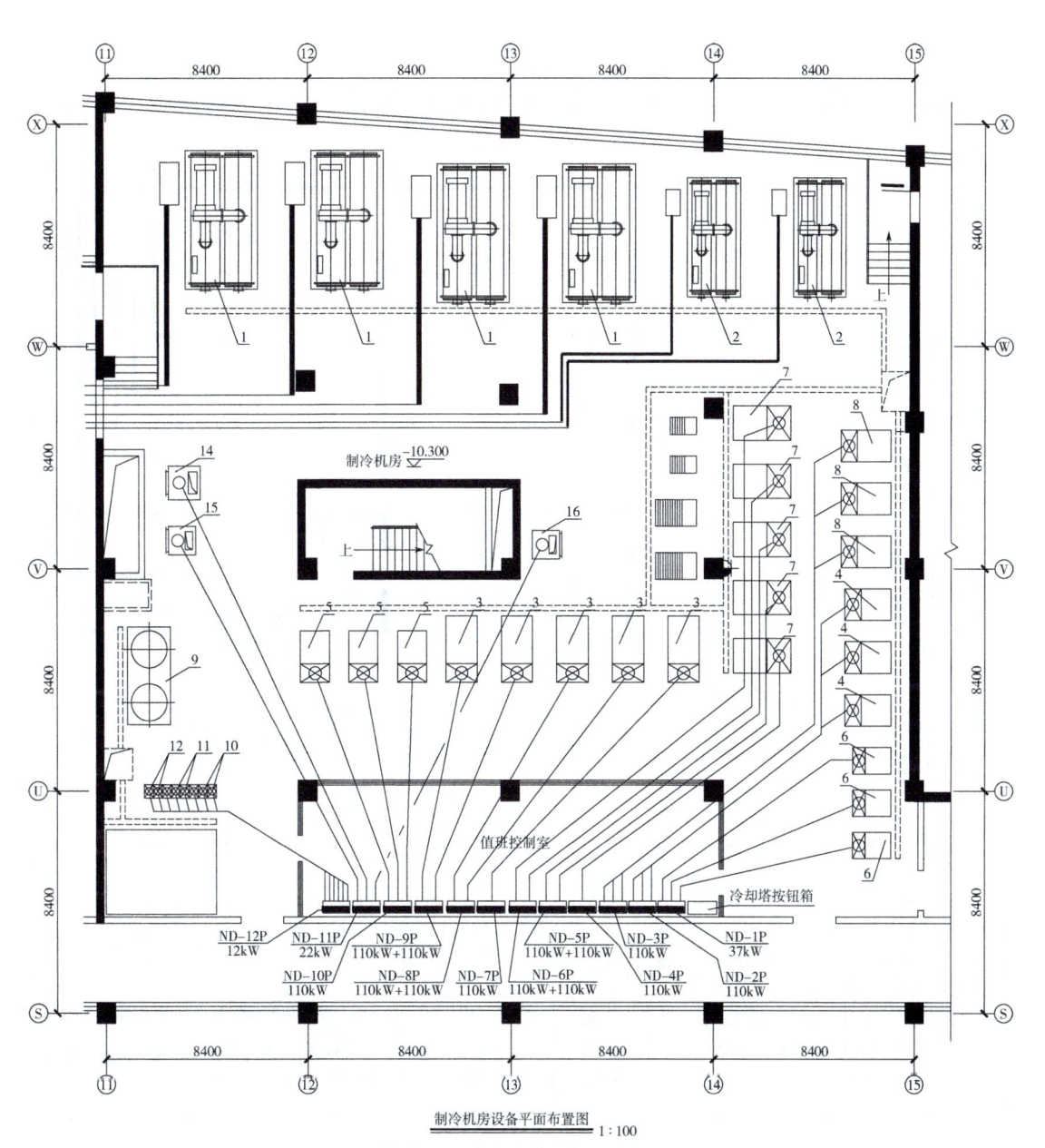

制冷机房设备平面布置图 1:100

注：1. 所有机房线路均埋地敷设，控制箱至电动机线路参数参照控制箱至电动机线路敷设表。
2. 机房弱电线路（温度传感器、压差传感器、电动调节阀、加湿器等）由系统集成商负责设计施工。
3. 控制箱加工前应与楼宇控制集成商联系确认该控制箱控制原理能否满足控制要求，如不能满足要求，应由集成商提供二次控制原理图。
4. 制冷机及锅炉供电的封闭母线详见干线系统图。

图 8-4　制冷机房配电平面图

3+2芯电缆序号表

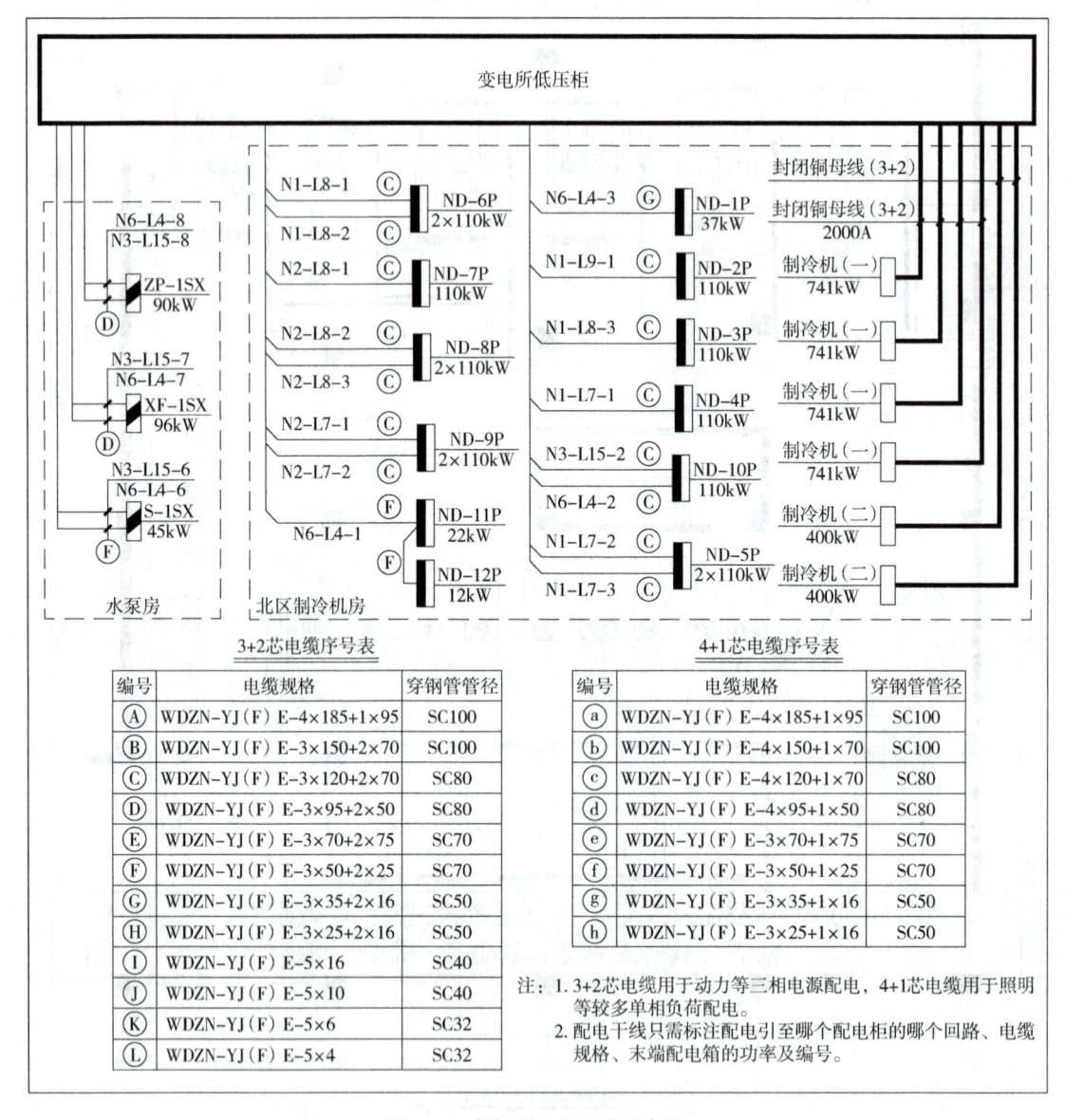

编号	电缆规格	穿钢管管径
Ⓐ	WDZN-YJ（F）E-4×185+1×95	SC100
Ⓑ	WDZN-YJ（F）E-3×150+2×70	SC100
Ⓒ	WDZN-YJ（F）E-3×120+2×70	SC80
Ⓓ	WDZN-YJ（F）E-3×95+2×50	SC80
Ⓔ	WDZN-YJ（F）E-3×70+2×75	SC70
Ⓕ	WDZN-YJ（F）E-3×50+2×25	SC70
Ⓖ	WDZN-YJ（F）E-3×35+2×16	SC50
Ⓗ	WDZN-YJ（F）E-3×25+2×16	SC50
Ⓘ	WDZN-YJ（F）E-5×16	SC40
Ⓙ	WDZN-YJ（F）E-5×10	SC40
Ⓚ	WDZN-YJ（F）E-5×6	SC32
Ⓛ	WDZN-YJ（F）E-5×4	SC32

4+1芯电缆序号表

编号	电缆规格	穿钢管管径
ⓐ	WDZN-YJ（F）E-4×185+1×95	SC100
ⓑ	WDZN-YJ（F）E-4×150+1×70	SC100
ⓒ	WDZN-YJ（F）E-4×120+1×70	SC80
ⓓ	WDZN-YJ（F）E-4×95+1×50	SC80
ⓔ	WDZN-YJ（F）E-3×70+1×75	SC70
ⓕ	WDZN-YJ（F）E-3×50+1×25	SC70
ⓖ	WDZN-YJ（F）E-3×35+1×16	SC50
ⓗ	WDZN-YJ（F）E-3×25+1×16	SC50

注：1. 3+2芯电缆用于动力等三相电源配电，4+1芯电缆用于照明等较多单相负荷配电。
2. 配电干线只需标注配电引至哪个配电柜的哪个回路、电缆规格、末端配电箱的功率及编号。

图 8-5 动力站配电干线示意图

第八章 动力设备配电

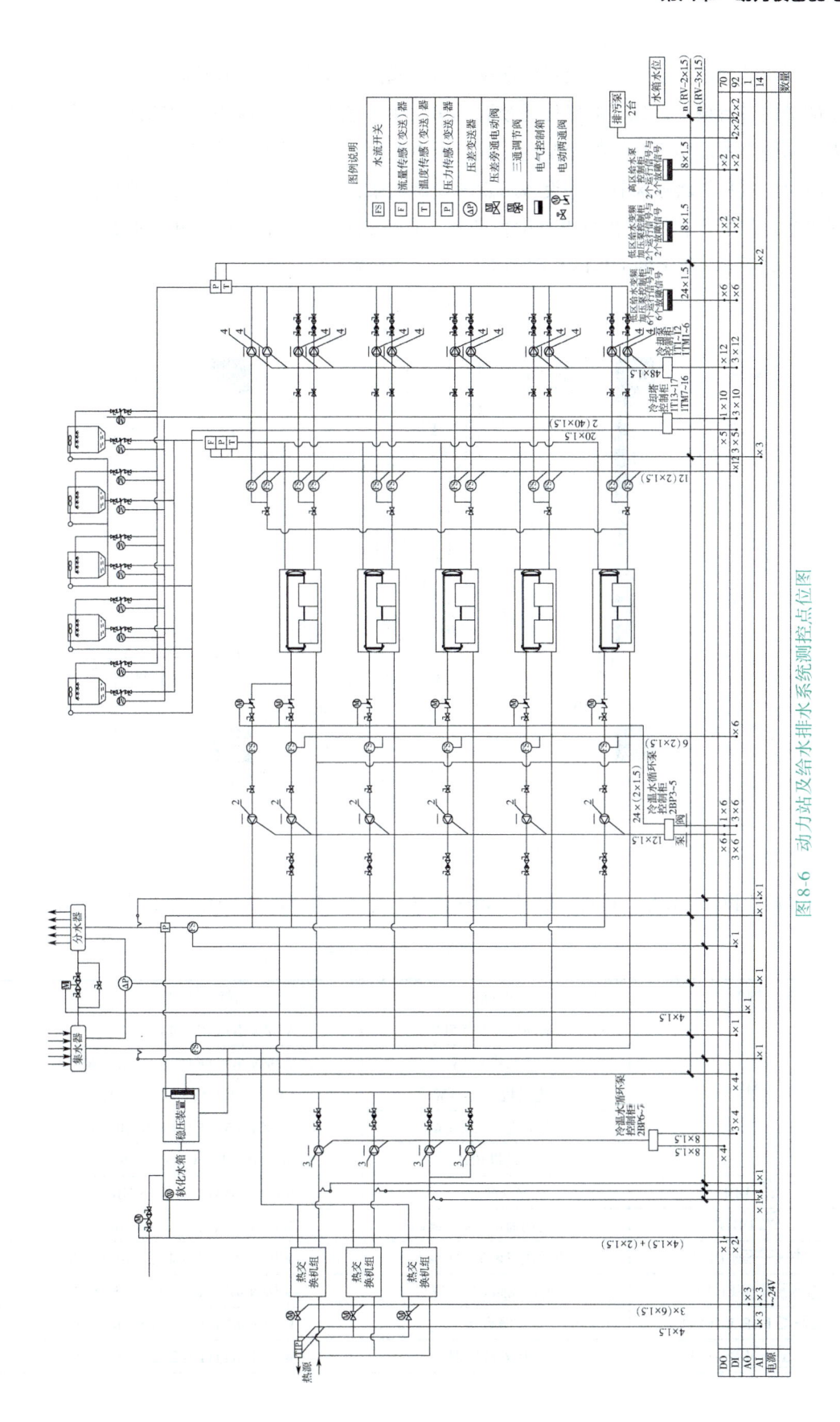

图 8-6 动力站及给水排水系统测控点位图

为了设计简单明了，以及应对后期设备功率或控制方式变化，建议将机房电气作为一个独立的平面进行设计，这样的好处是今后机房发生工艺变化，不会影响整层电气平面变更。电力平面图仅考虑给机房电控箱配电，只有配电路由，图样显得简洁明了，以不变应万变。

机房配电最好将通风管道等设备示意图绘制出来，可利用暖通图样整理简化，能够表达暖通设备的供电点和控制点的相对位置即可，这样设计出的机房电气图方便安装和造价核算。详见如图8-7所示的KT-1KX空调机房平面图示例。

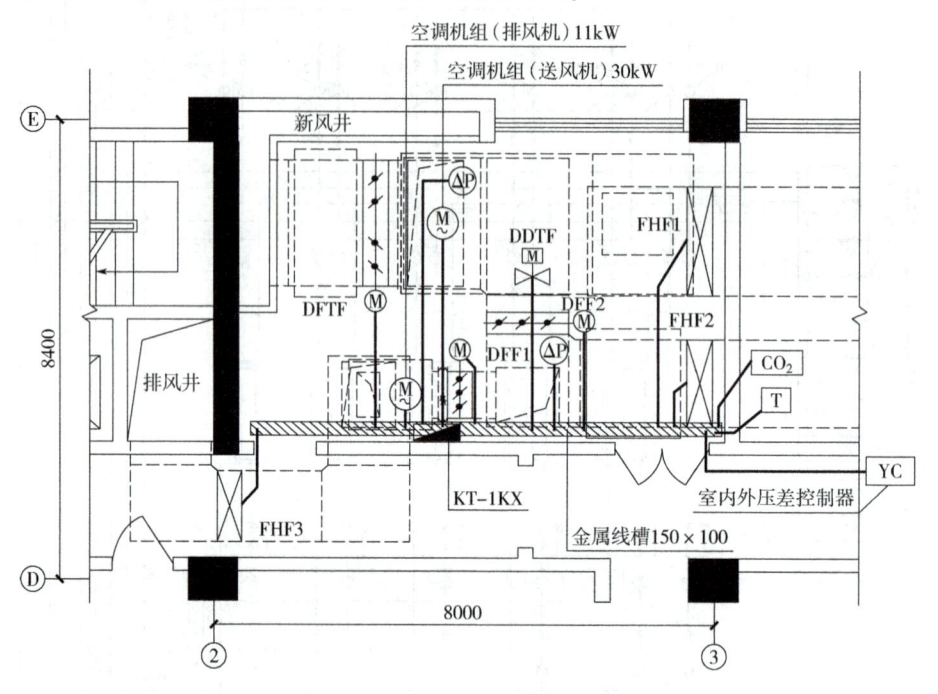

图 8-7　KT-1KX 空调机房平面图

为了减少设计工作量，可将机房图例和导线统一绘制一个"图例及线路敷设表"，见表8-5。

表 8-5　图例及线路敷设表

图例		名称	接线规格及管径
Ⓜ		电动机0.55~5.5kW	WDZN-BYJ（F）-4×2.5 MR（SC20）
		电动机4/3kW	WDZN-BYJ（F）-7×2.5 MR（SC25）
		电动机7.5~11kW	WDZN-BYJ（F）-4×6 MR（SC25）
		电动机15~18.5kW	WDZN-BYJ（F）-4×16 MR（SC50）
		电动机30kW	WDZN-BYJ（F）-3×35+1×16 MR（SC50）
⧖	DDF	电动两通阀	WDZN-BYJ（F）-3×2.5 MR（SC15）
⧖	DDTF	电动两通调节阀（24V）	WDZN-BYJ（F）-4×2.5 MR（SC20）
⧖	DFTF	电动风量调节阀（24V）	WDZN-BYJ（F）-4×2.5 MR（SC20）
⧖	DFF1, DFF2	电动风阀（开关型）	WDZN-BYJ（F）-3×2.5 MR（SC15）
⊠	FHF, FHF1~4	防火阀	WDZN-BYJ（F）-3×2.5 MR（SC15）
△P	DPS-1~3	压差传感器	WDZN-BYJ（F）-2×2.5 MR（SC15）

第八章 动力设备配电

(续)

图例	名称	接线规格及管径
T T-1	温度传感器	WDZN-BYJ(F)-2×2.5 MR(SC15)
φ H-1	湿度传感器	WDZN-BYJ(F)-2×2.5 MR(SC15)
CO_2	二氧化碳检测器	WDZN-BYJ(F)-2×2.5 MR(SC15)
YC	室内外压差控制器	WDZN-BYJ(F)-2×2.5 MR(SC15)
▨	金属线槽100mm×100mm	(除注明外)

现在大型建筑都有建筑设备管理系统，大部分建筑楼控采用DDC控制器来控制，按要求建筑电气工作应将强电配到位，弱电（传感器和控制调节等模拟量和开关量的输入输出）点位标注并计算出来，以便智能化专业准确衔接。楼控点位如图8-8~图8-11所示。

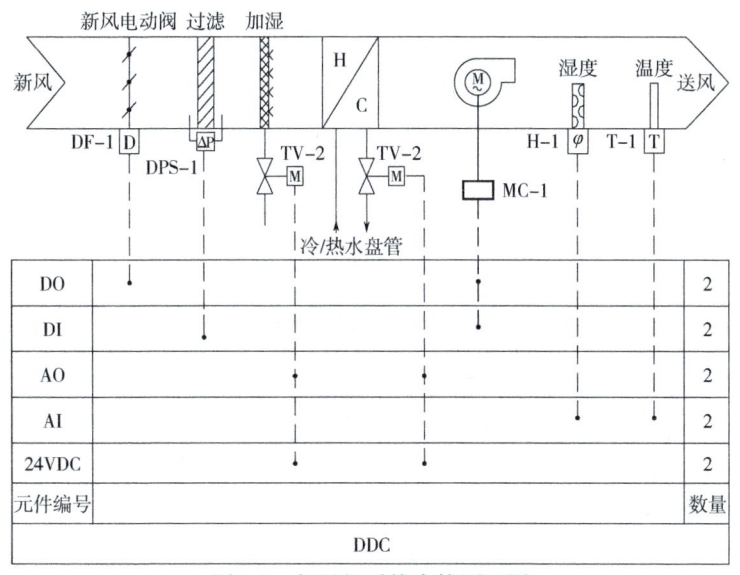

图8-8 新风机系统自控原理图

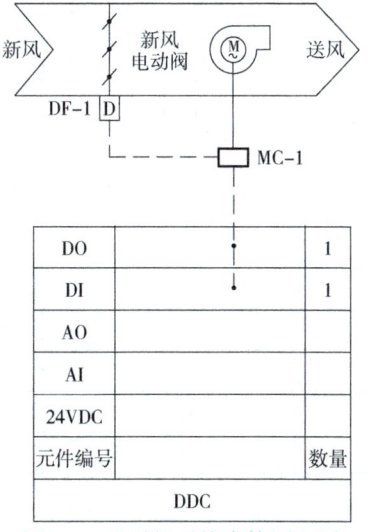

图8-9 送风机系统自控原理图

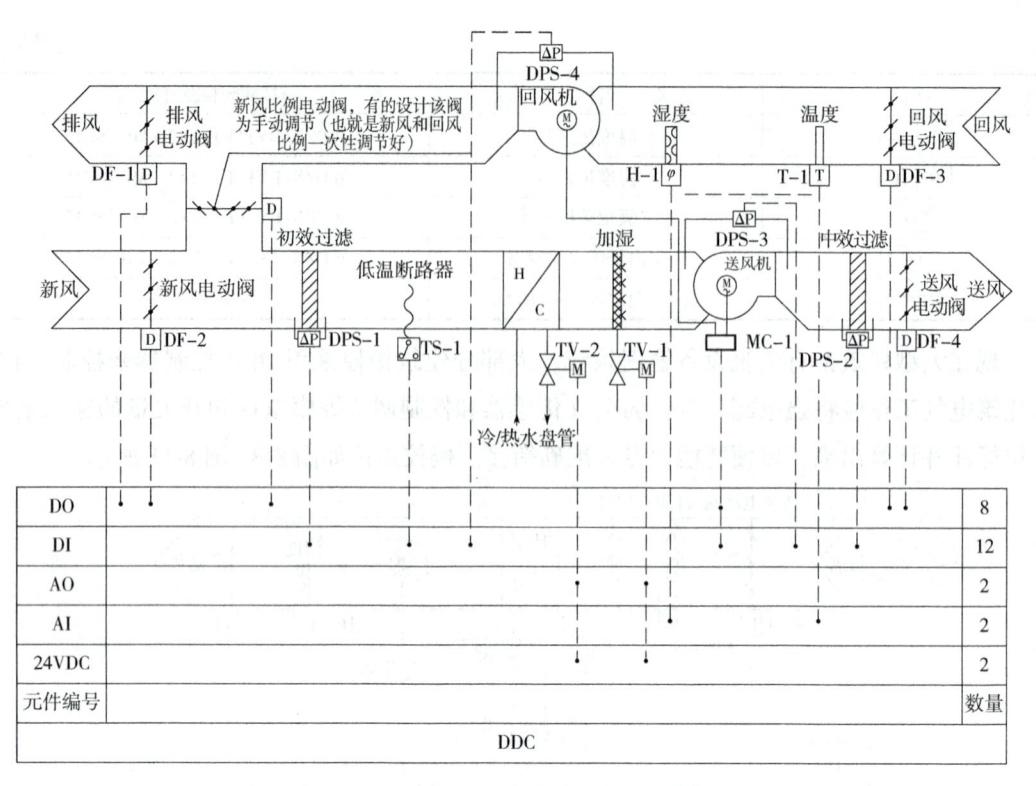

图 8-10 带回风机的空调机组空调系统自控原理图一

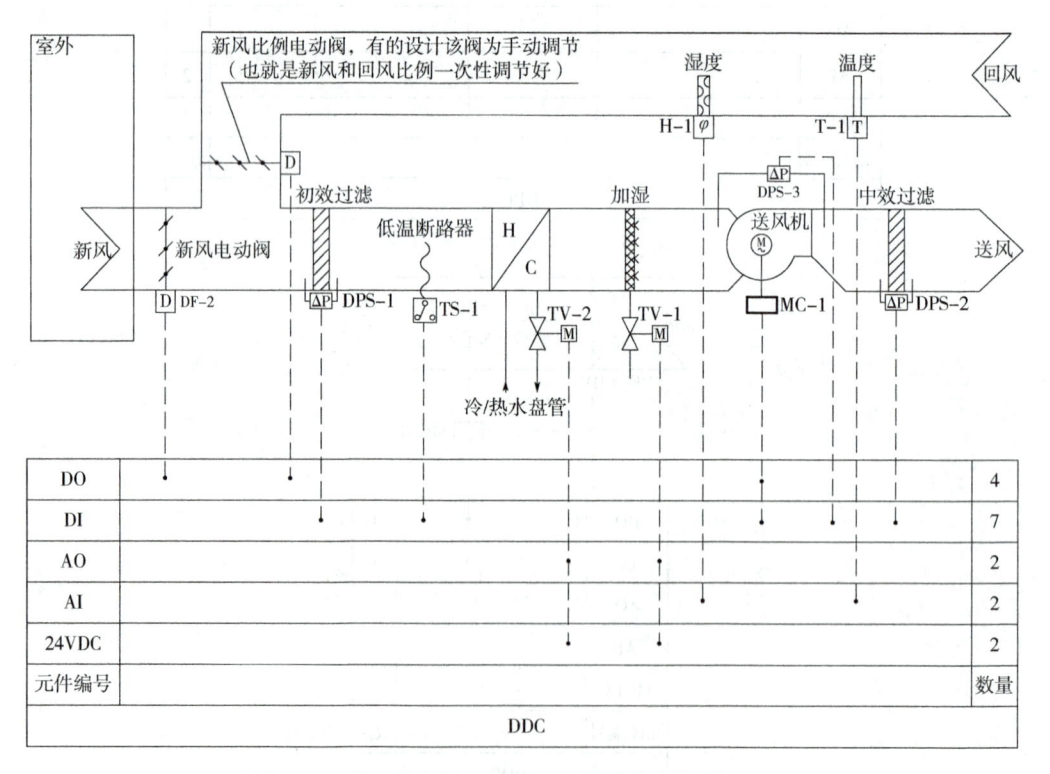

图 8-11 带回风机的空调机组空调系统自控原理图二

六、电梯机房平面图

（一）电梯负荷及供电要求

1. 一级负荷的客梯应由引自双重电源的两路低压专用回路在末端自动切换供电。
2. 二级负荷的客梯宜由两个低压回路引来在末端自动切换供电，其中一个回路应为专用回路。
3. 三级负荷的客梯，应由建筑物低压配电柜采用一路专用回路供电。
4. 消防电梯应按本建筑的最高供电负荷级别供电，客梯兼消防电梯也应按消防电梯供电要求供电；一般自动扶梯和自动人行道宜为三级负荷，机场、大中型商场等重要场所为二级负荷。

（二）电梯机房电气设计

1. 电梯机房配电设计。一个电梯机房的多台电梯可共用一个双电源切换箱，容量计算需考虑同时需用系数，电梯数量较少（5台以下）时需用系数宜设为1，在计算变压器时需用系数可按相关资料确定。电梯机房配电箱双电源切换开关应有中间零位，以便隔离电源方便维修，双电源切换开关下端应分两路，一路为电梯控制箱供电回路，其应设独立断路器保护，另一回路为电梯机房其他设备供电，也应设独立断路器保护。电梯机房设备主要有轿厢、机房照明、井道照明、机房通风、轿顶电源插座、机房电源插座、底坑电源插座、报警装置等，每个项目最好采用一个支路，每个支路宜设微型断路器保护，插座及井道照明应设30mA剩余电流保护，具体可参照设计示例（图8-12）。电梯的电气设计主要包括电梯机房和电梯井道部分，扶梯只考虑提供电源，电源接口一般在扶梯上部。

2. 电梯机房接地设计。电梯机房接地一般绘制在接地平面图上，采用镀锌扁钢沿电梯竖井引至电梯机房，这个接地不仅用于机房配电箱接地，还用于电梯设备接地，每个电梯竖井都应敷设一根镀锌扁钢，下端与接地网连接，上端至电梯机房等电位连接，电梯机房沿四周敷设镀锌扁钢用于等电位连接。电梯的金属构件、电气设备、线路保护金属管及线槽等外露可导电部分均应与保护导体（PE线）连接并与等电位体连接。

3. 电梯五方通话。电梯的五方通话是电梯运行安全的必备要求。五方通话包括值班室、电梯机房、轿厢、轿顶、底坑五方对讲通话。一般机房、底坑、轿厢、轿顶等对讲通信电缆都是电梯配套带来，只有与值班室通信的通信电缆需单独布线。

4. 机房设计平面图示例如图8-12所示。

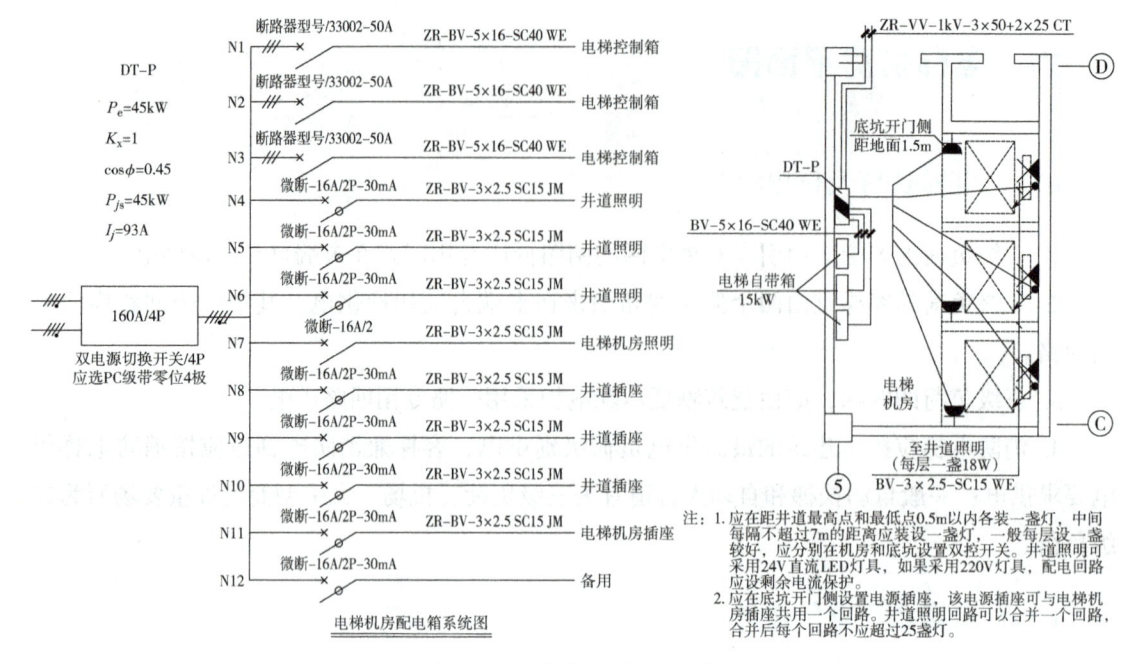

图 8-12 机房设计平面图示例

七、潜污泵控制与配电

在民用建筑中潜污泵分为排污泵、积水排水泵及为消防专设的排水泵，这些泵基本都是潜水泵，重要位置都是一用一备，非重要场所有一台泵即可。

为消防设施服务的排水泵配电应按消防负荷供电。其他排水泵为非消防负荷，宜按所在建筑的最高负荷供电。由于潜污泵负荷较小，无论是为消防服务的潜污泵还是其他潜污泵，每个防火分区可由一个电源配电箱配电，宜采用放射式供电。

潜污泵一般都是采用就地自动控制，由水位检测传感器开关量信号控制水泵启停，高水位启泵，低水位停泵，超高水位报警。

水位传感器应根据积水坑里可能出现的水质情况（污水、清水、黏稠的泥水等）选择相应的水位传感器，保证水位不误动作。

水位控制箱除水泵控制系统以外建议总开关设剩余电流保护装置，防止人身触电。超高水位报警信号可引至管理值班室。

现在很多潜污泵都自带控制箱，潜污泵自带的控制箱是否能满足要求，应在设计时索取潜污泵控制箱资料图进行核实。大型建筑一般设有建筑设备楼宇控制系统，建议楼宇控制系统仅设远程报警水位监视和潜污泵运行状态监视装置，启停泵由现场水位检测传感器控制即可。

为了使电气平面图设计简单化，将潜污泵的平面配电和控制设计成一个图块，在电气平

第八章 动力设备配电

面布置图中仅标出控制箱位置及电源配电线路即可，达到设计准确和简洁配电平面的要求，减少重复劳动。潜污泵配电平面图块及互为备用潜污泵控制原理图如下：

1. 潜污泵互为备用控制原理图如图 8-13 所示。

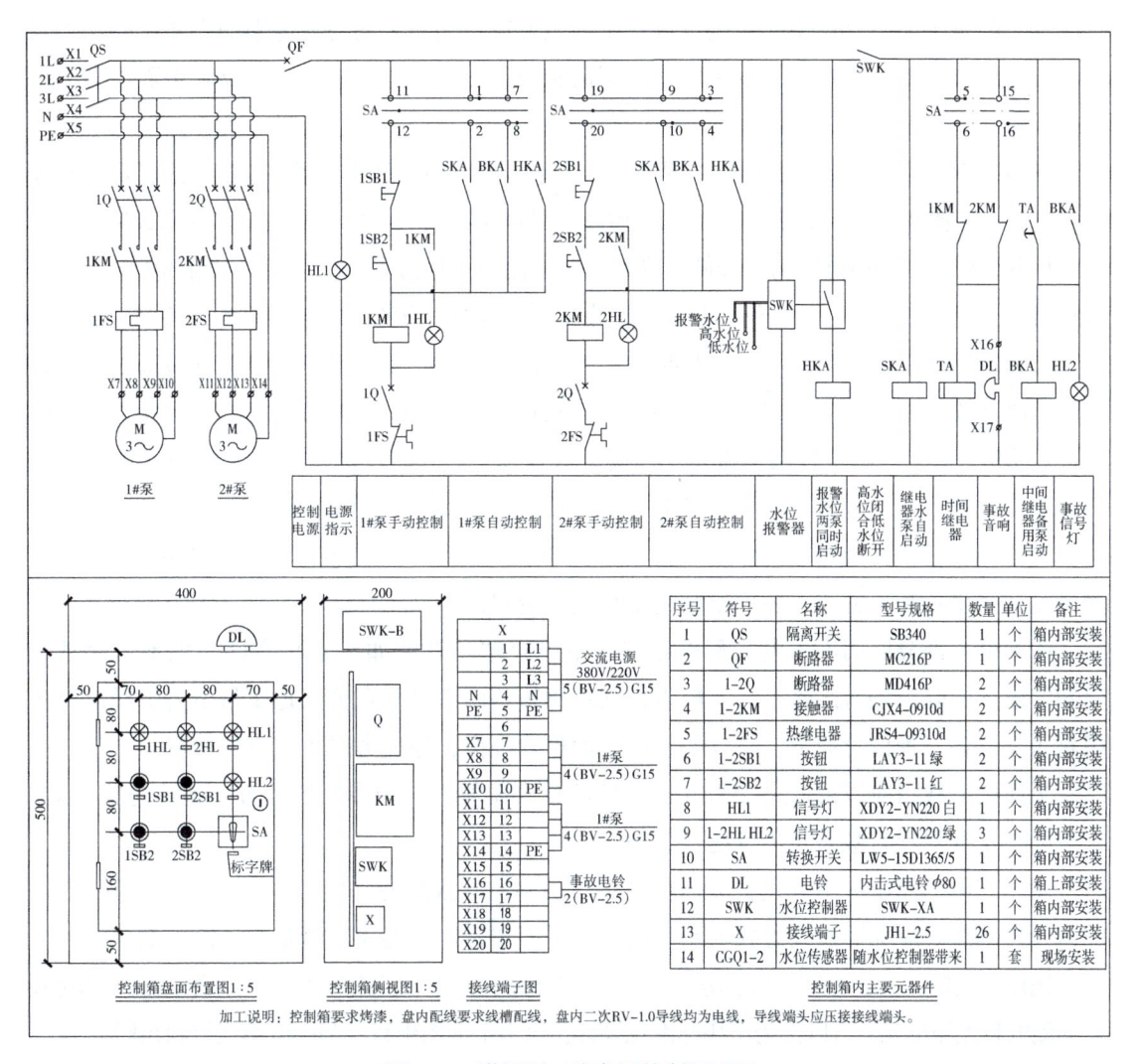

图 8-13 潜污泵互为备用控制原理图

2. 潜污泵配电平面布置图块如图 8-14 所示。

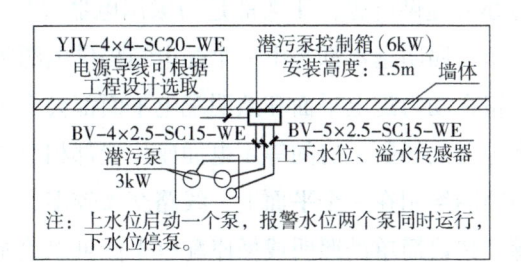

图 8-14 潜污泵配电平面布置图块

八、动力配电平面设计

动力配电平面图是民用建筑电气设计中的主要设计内容，动力配电平面主要反映用电设备、配电箱及控制箱等位置及供配电线路路由和敷设方式，电力平面还应反映平面层与上下层的关系。

动力平面中的配电箱和控制箱位置选择，无论是挂墙还是落地布置，都应考虑盘前操作安全距离，一般操作安全距离最少800mm，控制箱尽量靠近用电设备，配电箱尽量靠近用电负荷中心位置，减少配电线路距离，降低压降和电能损耗，同时也节约投资。控制箱和配电箱位置选择时应与设备工种配合，以免与设备位置冲突。嵌墙安装应考虑墙上是否允许留洞，墙体厚度是否满足配电箱安装要求，一般墙体应比配电箱厚80mm，距墙垛边距至少150mm，240mm厚的墙内暗敷穿线管外径不宜大于50mm，120mm厚的墙内暗敷穿线管外径不宜大于16mm，楼板内暗敷穿线管外径应根据楼板厚度和楼板形式确定，只有现浇楼板才能暗敷，现浇楼板内暗敷穿线管外径不宜大于楼板厚度的1/3，其他预制板根据具体情况确定。

墙上和楼板留洞及墙上安装，一般洞口大于300mm×300mm就应给建筑工种提供资料，如果是现浇楼板和剪力墙，还应给结构工种提供资料。

平面公共部分照明等用电的配电线路，不应穿越私有（如住宅）空间，也不应穿越卫生间等潮湿或降板场所的楼板，一般沿公共走廊吊顶内敷设，在公共走廊吊顶内敷设还应考虑是否与设备工种位置冲突，不仅要考虑平面位置冲突，还应考虑垂直空间冲突。

平面供电线路应以最近路径为首选，尽量敷设在便于维护维修的地方，还应考虑美观，末端配电支线穿管暗敷路径不宜超过30m。

动力配电平面所有用电设备应标注名称和功率，导线应标注配电箱代号及其回路编号。配电及控制线路应标明敷设方式及距地高度，平面图标注不能表达清楚的应绘制剖面图。

民用建筑中，动力机房、水泵房、风机房、电梯机房、防火卷帘、防火门、潜污泵等相对独立的配电和控制单元，可以作为图块标准化设计，电力平面图中只绘制配电箱或控制箱即可。

动力配电平面示例如图8-15所示。

现在很多设计师把插座作为动力用电绘制在电力平面上，插座绘制在电力平面上有利有弊，现在插座基本都是为办公提供电源，住宅都是为家用电器提供电源，也有的是为台灯、地灯等照明提供电源。插座与照明基本都是由一个配电箱提供电源的，在配电箱设计时都称照明配电箱。该照明配电箱在动力配电平面和照明配电平面都会出现，好处是动力平面中动力配电路由一般都在走廊等公共场所，房间等用电插座位置都相对空置，方便绘制插座，线路交叉很少。如果插座与照明绘制在一个平面上，线路交叉较多，但节约图纸，而且很容易发现线路敷设交叉等问题。建议简单的照明或插座配电平面可以绘制到一张图上，复杂的可以分开绘制。

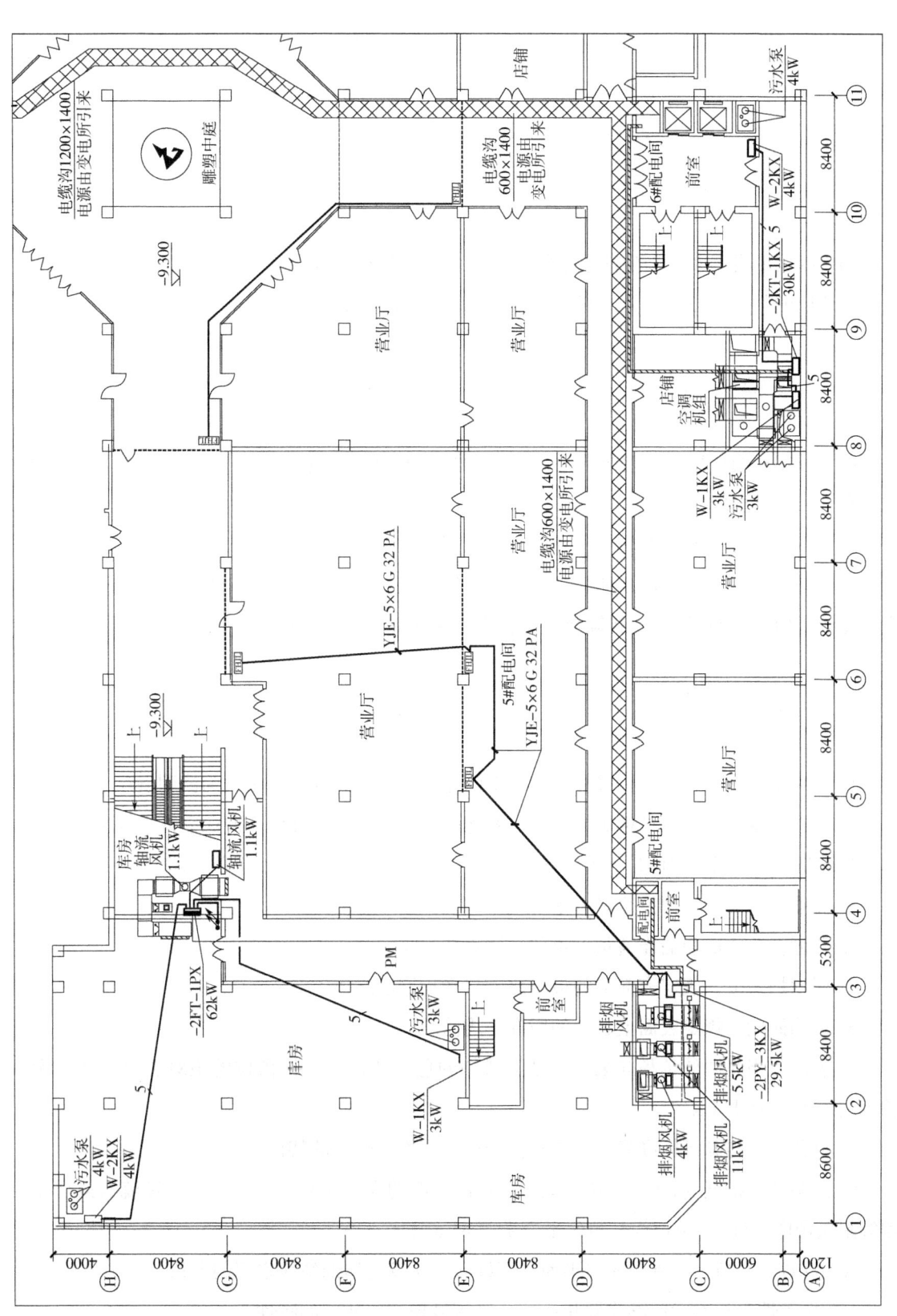

图 8-15 动力配电平面示例

第九章　照明及控制

随着社会的发展及人们生活水平的提高，功能性照明已不能满足人们的需求了。本章节主要阐述照明的基本技术参数、照明范畴及室内照明设计要点。

一、照明内容概述

照明根据照明环境分为室外照明和室内照明，根据照明作用分为功能照明和环境照明（也可称为装饰照明）。

1. 室外照明主要有道路照明、建筑立面照明、景观照明等。
2. 室内照明主要有一般照明、局部照明、装饰照明、应急照明（备用照明、疏散照明、安全照明、值班照明等），还有舞台照明、体育赛场照明、展览照明、手术医疗照明等。

二、照明术语

1. 光通量：根据辐射对标准光度观察者的作用导出的光度量。单位为流明（lm）。
2. 发光强度：发光体在给定方向上的发光强度是该发光体在该方向的立体角元 $d\Omega$ 内传输的光通量 $d\Phi$ 除以该立体角元所得之商，即单位立体角的光通量。单位为坎德拉（cd）。
3. 亮度：单位为坎德拉每平方米（cd/m^2）。
4. 照度：单位面积的光通量，单位为勒克斯（lx）。
5. 照度均匀度：规定表面上的最小照度与平均照度之比。
6. 平均照度：规定表面上各点的照度平均值。
7. 色温：当光源的色品与某一温度下黑体的色品相同时，该黑体的绝对温度为此光源的色温，单位为开（K）。
8. 显色性：与参考标准光源相比较，光源显现物体颜色的特性。
9. 照明功率密度（LPD）：单位面积上一般照明的安装功率（包括光源、镇流器或变压器等附属用电器件），单位为瓦特每平方米（W/m^2）。
10. 灯具遮光角：灯具出光口平面与刚好看不见发光体的视线之间的夹角。
11. 显色性：与参考标准光源相比较，光源显现物体颜色的特性。

12. 眩光：由于视野中的亮度分布或亮度范围的不适宜，或存在极端的对比，以致引起不舒适感觉或降低观察细部或目标的能力的视觉现象。

13. 灯具效能：在规定的使用条件下，灯具发出的总光通量与其所输入的功率之比。单位为流明每瓦特（lm/W）（注：灯具功率与光源功率是不一样的，灯具功率包括光源功率和灯具的电源等电器耗电）。

14. 绿色照明：节约能源、保护环境，有益于提高人们生产、工作、学习效率和生活质量，保护身心健康的照明。

15. 视觉作业：在工作和活动中，对呈现在背景前的细部和目标的观察过程。

16. 维持平均照度：在照明装置必须进行维护时，在规定表面上的平均照度。

17. 作业面：在其表面上进行工作的平面。

18. 维护系数：照明装置在使用一定周期后，在规定表面上的平均照度或平均亮度与该装置在相同条件下新装时在同一表面上所得到的平均照度或平均亮度之比。

19. 一般照明：为照亮整个场所而设置的均匀照明。

20. 分区一般照明：为照亮工作场所中某一特定区域，而设置的均匀照明。

21. 局部照明：特定视觉工作用的、为照亮某个局部而设置的照明。

22. 混合照明：由一般照明与局部照明组成的照明（混合照明与混光照明不同，混光照明是指一组灯具由两种及以上的不同色温的光源组成）。

23. 重点照明：为提高指定区域或目标的照度，使其比周围区域突出的照明。

24. 正常照明：在正常情况下使用的照明。

25. 应急照明：因正常照明的电源失效而启用的照明。应急照明包括疏散照明、安全照明、备用照明。

26. 疏散照明：用于确保疏散通道被有效地辨认和使用的应急照明。

27. 安全照明：用于确保处于潜在危险之中的人员安全的应急照明。

28. 备用照明：用于确保正常活动继续或暂时继续进行的应急照明。

29. 值班照明：非工作时间，为值班所设置的照明。

30. 警卫照明：用于警戒而安装的照明。

31. 障碍照明：在可能危及航行安全的建筑物或构筑物上安装的标识照明。

32. 频闪效应：在以一定频率变化的光照射下，观察到物体运动显现出不同于其实际运动的现象。

33. 发光二极管（LED）灯：由电致固体发光的一种半导体器件作为照明光源的灯。

34. 光强分布：用曲线或表格表示光源或灯具在空间各方向的发光强度值，也称配光，由配光参数组成的曲线称为配光曲线。

35. 光源的发光效能：光源发出的光通量除以光源功率所得之商，简称光源的光效。单位为流明每瓦特（lm/W）。

36. 灯具效率：在规定的使用条件下，灯具发出的总光通量与灯具内所有光源发出的总光通量之比，也称灯具光输出比。

37. 直接眩光：由视野中，特别是在靠近视线方向存在的发光体所产生的眩光。

38. 不舒适眩光：产生不舒适感觉，但并不一定降低视觉对象的可见度的眩光。

39. 统一眩光值（UGR）：国际照明委员会（CIE）用于度量处于室内视觉环境中的照明装置发出的光对人眼引起不舒适感主观反应的心理参量。

40. 眩光值（GR）：国际照明委员会（CIE）用于度量体育场馆和其他室外场地照明装置对人眼引起不舒适感主观反应的心理参量。

41. 反射眩光：由视野中的反射引起的眩光，特别是在靠近视线方向看见反射像所产生的眩光。

42. 光幕反射：视觉对象的镜面反射，使视觉对象的对比降低，以致部分地或全部地难以看清细部。

43. 灯具遮光角：灯具出光口平面与刚好看不见发光体的视线之间的夹角。

44. 显色指数：光源显色性的度量。以被测光源下物体颜色和参考标准光源下物体颜色的相符合程度来表示。

45. 一般显色指数：光源对国际照明委员会（CIE）规定的第 1~8 种标准颜色样品显色指数的平均值，通称显色指数，符号是 R_a。

46. 特殊显色指数：光源对国际照明委员会（CIE）选定的第 9~15 种标准颜色样品的显色指数，符号是 R_i。

47. 相关色温：当光源的色品点不在黑体轨迹上，且光源的色品与某一温度下的黑体的色品最接近时，该黑体的绝对温度为此光源的相关色温，简称相关色温。符号为 Tcp，单位为开（K）。

48. 色品：用国际照明委员会（CIE）标准色度系统所表示的颜色性质。由色品坐标定义的色刺激性质。

49. 色品图：表示颜色色品坐标的平面图。

50. 色品坐标：每个三刺激值与其总和之比。在 X、Y、Z 色度系统中，由三刺激值可算出色品坐标 x、y、z。

51. 色容差：表征一批光源中各光源与光源额定色品的偏离，用颜色匹配标准偏差 SDCM 表示。

52. 光通量维持率：光源在给定点燃时间后的光通量与其初始光通量之比。

53. 反射比：在入射辐射的光谱组成、偏振状态和几何分布给定状态下，反射的辐射通量或光通量与入射的辐射通量或光通量之比。

54. 室形指数：表示房间或场所几何形状的数值，其数值为 2 倍的房间或场所面积与该房间或场所水平面周长及灯具安装高度与工作面高度的差之商。

55. 年曝光量：度量物体年累积接受光照度的值，用物体接受的照度与年累积小时的乘积表示，单位为每年勒克斯小时（lx·h/a）。

三、照明照度及相关照明参数要求

1. 常用照明衡量标准值一般由以下四个参数衡量：照度标准值（lx）、照度均匀度（U_0）、显色指数（R_a）、统一眩光值（UGR）。这四个参数在照明设计时应提出要求，首先要经过照明计算确定基本灯具功率和布灯形式，再根据试灯测量才能够最终确定灯具功率和灯具配光曲线要求。

2. 建筑照明标准值基本要求见表 9-1。

表 9-1 建筑照明标准值基本要求

房间或场所	参考平面及其距地高度/m	照度标准值/lx	照明均匀度（U_0）	显色指数（R_a）
办公、阅读、书写	0.75m 水平面	300/500	0.6	80
一般活动场所	地面	100/150/200	不做具体要求	80
商业	地面	200/300/500	0.6	80
会展	地面	200/300	0.6	80
报告厅	地面	300	0.6	80
视频会议室	0.75m 水平面	750	0.6	80
走廊、楼梯	地面	50/75	0.4	80
车库	地面	30/50	0.4	60

注：表中照明标准值两档为高档和低档两个档次，三挡为高、中、低三个档次。眩光值没有在这里列出，主要是眩光值由灯具选型来确定，可作为验收标准。

3. 作业面邻近周围照度可低于作业面照度，但不宜低于表 9-2 中的数值。

表 9-2 作业面邻近周围照度要求

作业面照度/lx	作业面邻近周围照度/lx
≥750	500
500	300
300	200
≤200	与作业面照度相同

注：作业面邻近周围是指作业面外宽度不小于 0.5m 的区域。作业面背景区域一般照明的照度不宜低于作业面邻近周围照度的 1/3。

4. 照明色温特征及适用场所见表9-3。

表 9-3　照明色温特征及适用场所

相关色温/K	色温特征	适用场所
<3300	暖	客房、卧室、酒吧
3300~5300	中间	办公室、教室、商场、值班室、仪表装配室
>5300	冷	高照度场所、热加工车间

四、建筑室内照明方式、照明种类及灯具选型

1. 照明方式：一般照明、局部照明、重点照明和混合照明。

1）一般照明：要求照亮整个场所的照明称为一般照明，室内工作及相关辅助场所，均应设置正常照明；同一场所的不同区域有不同照度要求时，应采用分区一般照明。

2）局部照明：对场所中部分对照度要求高的作业面设置的照明。在作业面密度不大的场所，对部分照度要求高的作业面，宜按照度要求设置局部照明。

3）重点照明：当需要提高特定区域或目标的照度时，宜采用重点照明。

4）混合照明：两种以上的照明方式称为混合照明方式。对于工作环境照度要求高，只采用一般照明不合理，有时还需采用局部照明和重点照明的场所宜采用混合照明。

2. 照明种类：正常照明、应急照明、备用照明、安全照明、疏散照明、值班照明、警卫照明、障碍照明等。有的区域规定设置警示照明。

3. 灯具选择应符合下列规定。

1）特别潮湿场所，应采用相应防护措施的灯具。

2）有腐蚀性气体或蒸气的场所，应采用相应防腐蚀要求的灯具。

3）高温场所，宜采用散热性能好、耐高温的灯具。

4）安装在人员可触及场所的灯具，其输入电压应为安全特低电压（SELV），一般采用直流 24V，如地埋灯。正常工作条件下，灯具表面的温度不应超过 45℃。

5）多尘埃的场所，应采用防护等级不低于 IP5X 的灯具。

6）在室外的场所，应采用防护等级不低于 IP54，一般设计都选用 IP65 的灯具。

7）安装于地面及潮湿场所的灯具，其防护等级不应低于 IP67。

8）安装在游泳池、喷泉等有人触及水的水池场所应采用直流 12V 以下电压的灯具，灯具选用防护等级为 IP68。

9）振动、摆动较大场所应有防振和防脱落措施。

10）易受机械损伤、光源自行脱落可能造成人员伤害或财物损失场所应有防护措施。

11) 有爆炸或火灾危险场所应选择符合国家现行有关标准规定的防爆型灯具。

12) 有洁净度要求的场所，应采用不易积尘、易于擦拭的洁净灯具，并应满足洁净场所的相关要求。

13) 需防止紫外线照射的场所，应采用隔紫外线灯具或无紫外线光源。

五、建筑室内照明设计概述

照明设计看似简单，要达到较好的设计效果，必须从建筑性质和用途出发，了解工艺要求，本节主要阐述建筑室内功能性照明设计。

1. 室内功能照明没有特别要求时一般由电气工种设计，如果室内有装修设计时，照明设计由装修单位设计。不言而喻，室内装饰照明归属装修设计。室内应急照明的疏散指示和疏散照明一般属于消防火灾报警设计范围，应急照明的备用照明和安全照明一般由电气工种设计。

2. 室内照明主要有功能照明、装饰照明、应急照明等，功能照明又分为一般照明和局部照明，建筑室内功能照明是人们正常生活和工作所必需设有的照明，建筑内部的装饰照明主要是营造舒适的工作与生活环境。

3. 照明设计应以人为本，照明的首要目的是创造良好的可见度和舒适愉快的环境，也就是除满足基本功能照明外，还必须考虑安全性、实用性、安装方式，以及人性化的创意。

4. 照明是建筑不可缺少的组成部分，合适的照明就是成功的照明。合适的照明是指亮度合适、色温合适，适合情景、人性化的需求且符合相关照明规定的照明。能够把照明设计融入建筑中，合适的创意、切合建筑属性、符合人文和环境的照明设计，才是优秀的照明设计。

六、照明设计应考虑的问题

1. 照明设计首先须满足照度、照明均匀度、显色性、眩光值等几个参数，照度可采用功率密度值来估算，照度与室内顶棚及墙面材质的反光系数有着密切关系，照明均匀度与灯具的配光曲线和布置有着密切的关系，显色性与灯具光源的色温有着密切的关系，眩光与灯具的配光曲线和遮光罩有着密切关系。一般来说，大空间要经过计算才能确定灯具个数和布置方式，小空间一般根据经验设计。

2. 照明控制也是照明设计的重要环节，根据功能和使用情况分组控制，以满足不同情景下的照明需求。

七、几种常见的不同环境照明设计应考虑的问题

1. 走廊照明设计。走廊照明照度应按国家标准要求执行，选灯和布灯应配合装修效果。在对较长的走廊进行照明设计时，应考虑白天和夜间的照明不同，考虑上班和下班时段的照明不同，考虑照明的均匀度及装修效果；公共走廊较长时宜采用集中控制，在控制和配电支回路分组时，统筹考虑控制的灵活性，以满足能够通过控制达到所需要的光环境的要求，对均匀布置灯具的走廊一般采用间隔控制比较可行。为方便下班后清扫和夜间值班人员对工作需要照明的控制，可在楼梯口设置现场手动控制按钮。走廊的疏散指示和消防应急照明应按国家标准执行，电源应由消防应急照明配电箱供电。

2. 楼梯间的照明设计。楼梯间照明照度应按国家标准要求执行，灯具一般选择吸顶灯，一般在楼层和楼梯平台上方布置灯具，没有吊顶的楼梯间灯具一般采用吸顶安装，楼层指示宜设置在楼梯至楼层门的上方。控制应考虑经常有人员通行和经常无人员通行，楼梯经常有人员通行时，可采用就地和集中控制，楼梯仅为疏散使用时，宜采用节能自熄照明控制。楼梯间的疏散指示、疏散应急照明及楼层显示应按相关规范设计，该电源应由消防应急照明配电箱供电。

3. 电梯前室照明设计。电梯前室照明照度应按国家标准要求执行，选灯和布灯应配合装修效果。控制与配电应考虑工作时段和非工作时段，在公寓等非营运的建筑电梯前室，可采用人体感应控制，但必须有至少一个灯不能采用人体感应等自熄节能控制，办公及工作时段经常有人的场所可分两组控制，一组可采用就地或集中控制，另一组宜采用节能自熄照明控制，集中控制主要是针对长明灯，自熄灯主要是为了在没有人的时候节约能源。宾馆及综合办公楼等人员密集的地方可采用集中控制。

4. 公共卫生间照明设计。布灯可以与装修结合，照度应执行国家照明标准，控制可采用分区域控制，盥洗间与厕卫间应分路控制，卫生间宜采用感应式控制方式。烘手器、感应水龙头、感应大小便器等宜分路配电并应考虑剩余电流保护措施，卫生间控制开关宜设置在卫生间门外侧。

5. 办公室照明设计。照度及色温应按国家标准要求执行，灯具选型要简洁无眩光，布灯应适当考虑垂直照度，控制可分为工位和非工位两组控制，也可按平行窗户进行分组控制，照度要求较高的工位可设局部照明。办公室的一般照明控制开关设置在主入口门开启方向内侧，局部照明控制就近设置。

6. 会议室照明设计。会议室照明一般注重装修效果，选灯和布灯应配合装修效果。会议室无投影要求时，照明可分三组控制，一般照明、功能照明及氛围照明（或装饰照明）。有视频投影要求时，照明控制不仅要考虑不投影时的照明，还应考虑投影时不影响投影效果

的照明及参会人员看资料和书写的桌面功能照明，氛围照明（或装饰照明）以不影响投影效果的亮度为佳，照明控制开关宜设置在主入口门开启方向内侧。高档会议室的水平照度和垂直照度应满足摄像照度要求。控制回路应按开启视频投影会议、圆桌会议及圆桌扩大会议（圆桌后排有列席会议人员）设置。

7. 商业照明设计。商业照明可分为一般照明、装饰照明、局部照明、重点照明等，商业照明一般由装修单位设计，一般照明和装饰照明一般采用集中控制，局部照明、重点照明可就地控制。照明设计时还应考虑非营业时段的值班和视频监控照明。配电箱设计时应充分考虑预留控制回路数量，照明支路配线应将一般照明、装饰照明、局部照明、重点照明及展示照明分开，配线还应考虑按区域控制的灵活性，配电回路也应适当考虑预留一些带剩余电流保护装置的插座回路。

8. 学校标准教室照明设计。照度及色温应按国家标准要求执行，无投影和智能黑板教室的照明应按平行窗户分组控制，有投影和智能黑板的照明宜按平行黑板分组控制，讲台黑板灯为独立控制。

9. 体育馆、剧院、展览馆、机场大厅、火车站大厅等特殊环境的照明应按照工艺要求和专业照明设计措施进行灵活设计。尤其是体育馆、机场大厅、火车站大厅等功能性照明要经过专业照明软件进行计算，可采用分区和分用途控制，并考虑运行时段和休息（停运）时段的照明及控制。

10. 照明配电设计。除体育场所的功能照明外，照明配电支线截面面积一般为 $2.5mm^2$，配电开关选 16A 微型断路器，支线配电线路长度不宜超过 100m，照明灯具宜按灯具类别分开配电，以满足控制需要，控制开关宜按功能区域需求及场景设置。每个配电支路不应为两个及以上防火单元（或防火分区）供电，不宜为两个及两个以上有隔断的空间配电。就地控制可采用翘板开关，集中控制可采用集中智能照明控制系统，如需要可设就地操作面板。每个照明配电支路所带灯具不应超出 25 个光源，LED 的组合灯具可不受限制，原则上一个灯具应由一个配电支路供电。

11. 楼层的小型设备用房照明。照明设计时照度应满足规范要求，主要保证操作面的照度，照明可采用就地控制。

12. 照明配电线路敷设。有吊顶的一般在吊顶内采用导线穿钢管或阻燃 PVC 管敷设，没有吊顶时照明配线尽量一次配电准确定位。沿墙配线一般采用穿管暗敷。

13. 插座也是照明设计的一个环节，图样简单时插座可与照明绘制在一张图上，功能复杂时插座可与电力绘制在一张图上，插座一般安装高度为距地面 0.3m，有特殊要求时应按具体要求执行。有时根据环境对防护有要求的还应注明防护措施（如潮湿场所设防溅盒等）。插座配电回路可与照明配电回路设在一个配电箱内，但需设剩余电流保护装置，一般插座回路配电采用16A微型断路器，线路采用3×2.5mm²的导线，厨房、分体空调大部分采用20A微型断路器及3×4mm²的导线。负荷再大就不宜采用插座提供电源了。

八、图例及主要设备的技术要求

1. 图例要按照国家建筑电气图形符号标准执行，如果标准图例不能满足，新增加的图例要简单形象，图例名称要符合通用叫法。图例画法见表9-4。

表9-4 图例

序号	图例	名称	规格	备注
1	▬	照明配电箱	见原理系统图	挂墙
2	⊠	事故照明配电箱	随设备配套	
3	⊕	深照灯	LED光源，10W，色温4000K	嵌顶
4	▭	格栅灯	LED光源，2×15W，色温4000K	嵌顶
5	⊗	吸顶灯	LED光源，15W，色温4000K	嵌顶
6	○	筒灯	13W	嵌顶
7	⌐•	单联单极开关	220V，10A	距地1.3m
8	⌐••	双联单极开关	220V，10A	距地1.3m

2. 灯具的主要参数有功率、电源电压、色温、配光曲线（或灯具要求，如防火等级）。

3. 开关主要参数有开关极数、电压及电流参数，注明开关型号规格也可以。自熄灯感应开关还应注明感应半径及最远距离。

4. 安装方式：应注明设备的安装要求，配电箱一般有落地安装、挂墙明装、嵌墙暗装，灯具一般有吸顶安装、嵌顶安装、杆吊、链吊、壁装等。照明控制开关一般为暗装，改造或后期增加一般采用明装。

5. 照明配电平面图示例如图9-1所示。

第九章 照明及控制

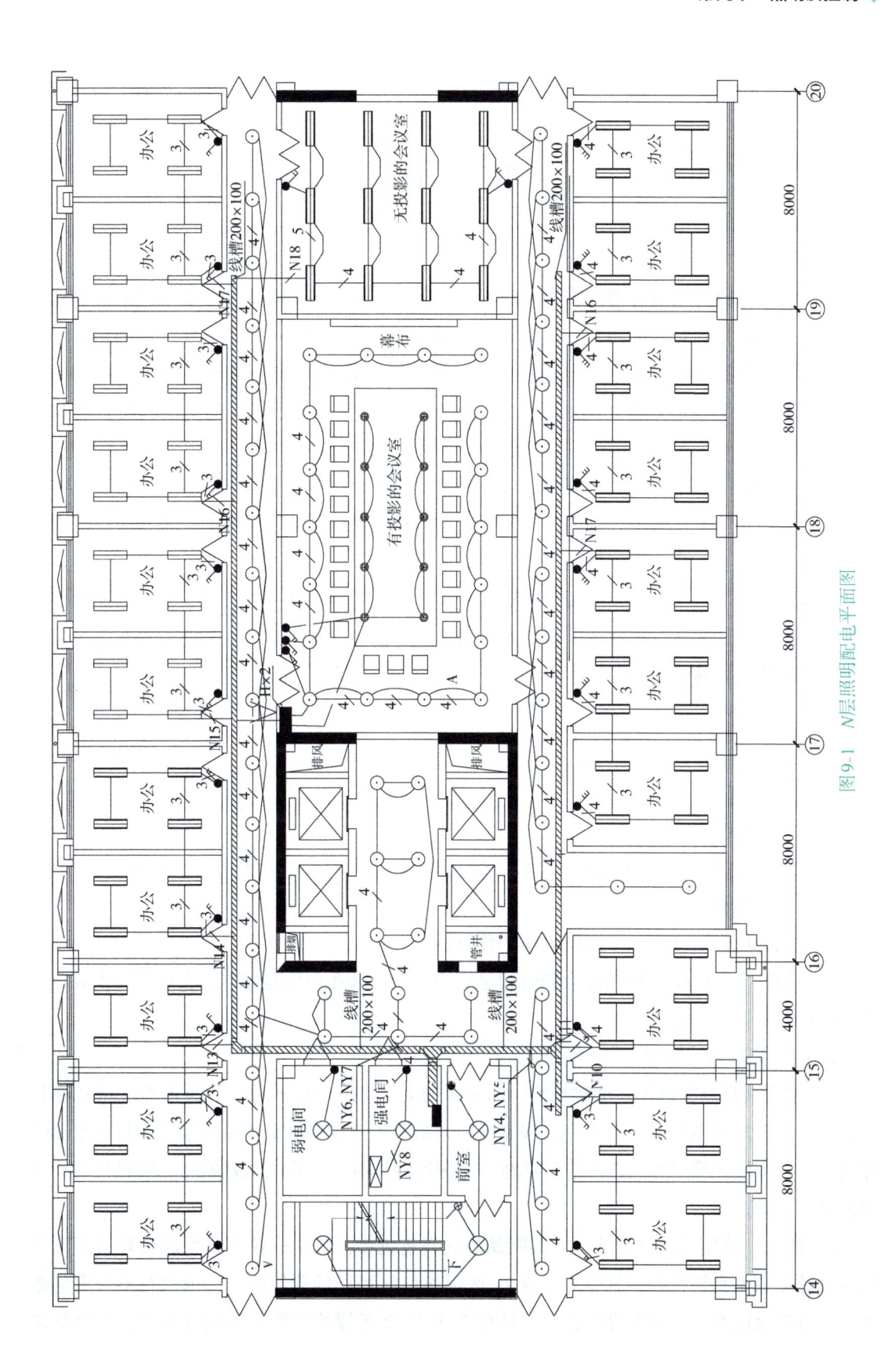

图9-1 N层照明配电平面图

第十章　建筑防雷及接地设计

建筑防雷可分为建筑外部防雷和建筑内部防雷以及防雷击电磁脉冲。建筑外部防雷就是防直击雷，不包括防止外部防雷装置受到直接雷击时向其他物体的反击。建筑内部防雷包括防闪电感应、防反击以及防闪电电涌侵入等，防雷击电磁脉冲是防止建筑物内系统（包括线路和设备）受到雷电流引发的电磁效应，它包含防经导体传导的闪电电涌和防辐射脉冲电磁场效应。

建筑防雷设计是民用建筑电气设计中不可缺少的一个内容，防雷设计首先要确定防雷等级，应严格按照防雷规范中规定的防雷等级确定。相关规定：各建筑物防雷不仅应设防直击雷的外部防雷装置，也应采取防闪电电涌侵入的措施。

建筑防雷分为三个类型：一类、二类和三类。一类防雷和部分二类防雷是指爆炸等危险场所，不考虑地域和年雷击次数，不需要防雷计算。部分二类防雷和三类防雷是要经过计算年雷击次数来确定防雷类别。

一、防雷类别的确定

1. 第一类防雷建筑物。

1）凡制造、使用或储存火炸药及其制品的危险建筑物，因电火花而引起爆炸、爆轰，会造成巨大破坏和人身伤亡者。

2）具有0区或20区爆炸危险场所的建筑物。

3）具有1区或21区爆炸危险场所的建筑物，因电火花而引起爆炸，会造成巨大破坏和人身伤亡者。

2. 第二类防雷建筑物。

1）国家级重点文物保护的建筑物，国家级的会堂、办公建筑物，大型展览和博览建筑物，大型火车站和飞机场、国宾馆、国家级档案馆及大型城市的重要给水泵房等特别重要的建筑物，国家级计算中心、国际通信枢纽等对国民经济有重要意义的建筑物，国家特级和甲级大型体育馆。

2）制造、使用或储存火炸药及其制品的危险建筑物，且电火花不易引起爆炸或不致造成巨大破坏和人身伤亡者；具有1区或21区爆炸危险场所的建筑物，且电火花不易引起爆炸或不致造成巨大破坏和人身伤亡者；具有2区或22区爆炸危险场所的建筑物；有爆炸危险的露天钢质封闭气罐。

3）预计雷击次数大于 0.05 次/a 的部、省级办公建筑物和其他重要或人员密集的公共建筑物以及火灾危险场所；预计雷击次数大于 0.25 次/a 的住宅、办公楼等一般性民用建筑物或一般性工业建筑物。

3. 第三类防雷建筑物。

1）省级重点文物保护的建筑物及省级档案馆。

2）预计雷击次数大于或等于 0.01 次/a，且小于或等于 0.05 次/a 的部、省级办公建筑物和其他重要或人员密集的公共建筑物，以及火灾危险场所。

3）预计雷击次数大于或等于 0.05 次/a，且小于或等于 0.25 次/a 的住宅、办公楼等一般性民用建筑物或一般性工业建筑物。

4）在平均雷暴日大于 15d/a 的地区，高度在 15m 及以上的烟囱、水塔等孤立的高耸构筑物。

5）在平均雷暴日小于或等于 15d/a 的地区，高度在 20m 及以上的烟囱、水塔等孤立的高耸构筑物。

二、爆炸性粉尘环境区域的划分和代号

1）0 区：连续出现或长期出现或频繁出现爆炸性气体混合物的场所。

2）1 区：在正常运行时可能偶然出现爆炸性气体混合物的场所。

3）2 区：在正常运行时不可能出现爆炸性气体混合物的场所，或即使出现也仅是短时存在的爆炸性气体混合物的场所。

4）20 区：空气中可燃性粉尘云持续地或长期地存在的场所，这种场所存在爆炸的可能性。

5）21 区：正常运行时，很可能偶然地以空气中可燃性粉尘云形式存在的场所，这种场所存在爆炸的可能性。

6）22 区：正常运行时，不太可能以空气中可燃性粉尘云形式存在，如果存在仅是短暂的。

7）1 区、21 区的建筑物可能划为第一类防雷建筑物，也可能划为第二类防雷建筑物。其区分在于是否会造成巨大破坏和人身伤亡。

三、建筑物的防雷措施

1. 第一类防雷建筑物的防雷措施。

1）外部防雷措施：排放爆炸危险气体、蒸气或粉尘的放散管、呼吸阀、排风管等的管

口应处于接闪器的保护范围内，被保护对象距接闪器应大于5m。保护措施可装设独立接闪杆或架空接闪线或网。架空接闪网的网格尺寸不应大于5m×5m或6m×4m，金属屋面周边每隔18～24m应采用引下线接地一次。独立接闪杆的杆塔、架空接闪线的端部和架空接闪网的每根支柱处应至少设一根引下线。防闪电感应的接地装置应与电气和电子系统的接地装置共用，独立接闪杆、架空接闪线或架空接闪网应设独立的接地装置，对用金属制成或有焊接、绑扎连接钢筋网的杆塔、支柱，宜利用金属杆塔或钢筋网作为引下线。每一引下线的冲击接地电阻不宜大于10Ω。

2) 建筑物内的设备、管道、构架、电缆金属外皮、钢屋架、钢窗等较大金属物和凸出屋面的放散管、风管等金属物，均应接到防闪电感应的接地装置上。平行敷设的管道、构架和电缆金属外皮等长金属物，其净距小于100mm时，应采用金属线跨接，跨接点的间距不应大于30m；交叉净距小于100mm时，其交叉处也应跨接。当屋内设有等电位连接的接地干线时，其与防闪电感应接地装置的连接不应少于2处。

3) 防闪电电涌侵入措施：室外低压配电线路应全线采用电缆直接埋地敷设，在入户处应将电缆的金属外皮、钢管接到等电位连接带或防闪电感应的接地装置上，在入户配电箱内设户内型电涌保护器，安装电涌保护器的配电箱防护等级应为IP54。

4) 混合防雷措施：当难以装设独立的外部防雷装置时，可将接闪杆或网格不大于5m×5m或6m×4m的接闪网或由其混合组成的接闪器直接装在建筑物上，接闪器之间应互相连接。

5) 防雷引下线要求：防雷引下线不应少于2根，并应沿建筑物四周和内庭院四周均匀或对称布置，其间距沿周长计算不宜大于12m，外部防雷的接地装置应围绕建筑物敷设成环形接地体，每根引下线的冲击接地电阻不应大于10Ω，并应与电气和电子系统等接地装置及所有进入建筑物的金属管道相连，此接地装置可兼作防雷电感应接地之用。

6) 防侧击雷措施：当建筑物高于30m时，应从30m起每隔不大于6m沿建筑物四周设水平接闪带并应与引下线相连，30m及以上外墙上的栏杆、门窗等较大的金属物应与防雷装置连接。

2. 第二类防雷建筑物的防雷措施。

1) 外部防雷措施：装设在建筑物上的接闪网、接闪带或接闪杆，也可采用由接闪网、接闪带或接闪杆混合组成的接闪器。接闪网、接闪带应沿屋角、屋脊、屋檐和檐角等易受雷击的部位敷设，并应在整个屋面组成不大于10m×10m或12m×8m的网格。排放危险气体、蒸气或粉尘的放散管、呼吸阀、排风管等的管口应处于接闪器的保护范围内。在屋面接闪器保护范围之外的非金属物体应装接闪器，并应和屋面防雷装置相连。

2) 防侧击雷措施：当建筑物高度超过45m时，首先应在屋顶外檐设接闪器，对水平凸出外墙的物体，当滚球半径45m球体从屋顶周边接闪带外向地面垂直下降接触到凸出外墙的物体时，应采取相应的防雷措施。

3）高于60m的建筑物，建筑上部占高度20%并超过60m的部位应防侧击雷。各表面上的尖物、墙角、边缘、设备以及显著凸出的物体，应按屋顶上的保护措施处理。接闪器应重点布置在墙角、边缘和显著凸出的物体上。

4）如图10-1所示，与雷击滚球半径（一般滚球半径为45m）相适应的一球体从空中沿接闪器A外侧下降，会接触到B处，该处应设相应的接闪器；但不会接触到C、D处，这两处不需设接闪器。该球体又从空中沿接闪器B外侧垂直下降，会接触到F处，该处应设相应的接闪器。若无F虚线部分，球体会接触到E处时，E处应设相应的接闪器；当球体最低点接触到地面，还不会接触到E处时，E处不需设接闪器。

5）防感应雷。

①外墙内、外竖直敷设的金属管道及金属物的顶端和底端，应与防雷装置等电位连接。

②有爆炸危险的建筑物内的设备、管道、构架、电缆金属外皮、钢屋架、钢窗等较大金属物，应就近接到防雷装置或共用接地装置上。

③凸出屋面的放散管、风管等金属物，均应接到防闪电感应的接地装置上。

④外部防雷装置的接地应和防闪电感应、内部防雷装置、电气和电子系统等接地共用接地装置，防感应雷击的接地干线与接地装置的连接不应少于2处，外部防雷装置的专设接地装置宜围绕建筑物敷设成环形接地体。

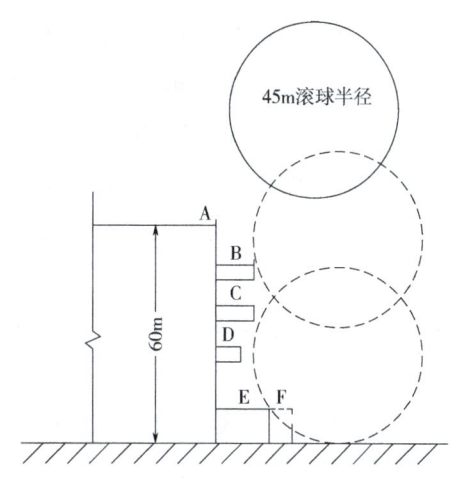

图10-1　45m雷击滚球剖面示意图

⑤由外部引入的金属管线在进入建筑处应做等电位连接。

6）防雷引下线要求：引下线应沿建筑物四周和内庭院四周均匀对称布置，其间距沿周长计算不应大于18m。当建筑物的跨度较大，无法在跨距中间设引下线时，应在跨距端设引下线并减小其他引下线的间距，保证专设引下线的平均间距不应大于25m。

7）防闪电电涌侵入措施。

①为防止雷电流流经引下线和接地装置时产生的高电位对附近金属物或电气和电子系统线路的反击，金属框架及钢筋连接在一起、电气贯通的钢筋混凝土框架等建筑物的金属物或线路与引下线之间的间隔距离可无要求；在其他情况下，金属物或管路应与引下线直接相连，带电线路应通过电涌保护器与引下线相连。

②在电气接地装置与防雷接地装置共用或相连的情况下，应在低压电源线路引入的总配电箱或配电柜处装设Ⅰ级试验的电涌保护器。电涌保护器的电压保护水平值应小于或等于2.5kV。每一保护模式的冲击电流值，当无法确定时应取等于或大于12.5kA。

③高低压配电防浪涌保护措施：当Dyn11型接线的配电变压器设在本建筑物内或附设于外墙处时，应在变压器高压侧装设避雷器；在低压侧的配电柜上，当有线路引出本建筑物至

其他有独自敷设接地装置的配电装置时,在母线上装设的电涌保护器冲击电流应选等于或大于 12.5kA;当无配电线路引出本建筑物时,在母线上装设的电涌保护器标称放电电流值应等于或大于 5kA。电涌保护器的电压保护水平值应小于或等于 2.5kV。

④在电子系统的室外线路采用金属线时,其引入的终端箱处应安装 D1 类高能量试验类型的电涌保护器,其短路电流应选用 1.5kA。

⑤在电子系统的室外线路采用光缆时,其引入的终端箱处的电气线路侧,当无金属线路引出本建筑物至其他有自己接地装置设备时可安装 B2 类慢上升率试验类型的电涌保护器,其短路电流宜选用 75A。

3. 第三类防雷建筑物的防雷措施。

1) 第三类防雷建筑物外部防雷的措施宜采用装设在建筑物上的接闪网、接闪带或接闪杆,也可采用由接闪网、接闪带和接闪杆混合组成的接闪器。接闪网、接闪带应沿屋角、屋脊、屋檐和檐角等易受雷击的部位敷设,并应在整个屋面组成不大于 20m×20m 或 24m×16m 的网格;当建筑物高度超过 60m 时,首先应沿屋顶周边敷设接闪带,接闪带应设在外墙外表面或屋檐边垂直面上,接闪器之间应互相连接。建筑物内的设备、管道、构架、电缆金属外皮、钢屋架、钢窗等较大金属物和凸出屋面的放散管、风管等金属物,均应接到防闪电感应的接地装置上。

2) 防雷引下线不应少于 2 根,并应沿建筑物四周和内庭院四周均匀对称布置,其间距沿周长计算不应大于 25m。当建筑物的跨度较大,无法在跨距中间设引下线时,应在跨距两端设引下线并减小其他引下线的间距,保证专设引下线的平均间距不应大于 25m。

3) 由外引入的金属管线做应做等电位连接,与电气和电子系统等接地共用接地装置。专设接地装置宜围绕建筑物敷设成环形接地体。

4) 建筑物宜利用钢筋混凝土屋面、梁、柱、基础内的钢筋作为引下线和接地装置:①当其女儿墙以内的屋顶钢筋网以上的防水和混凝土层允许不被保护时,宜利用屋顶钢筋网作为接闪器;②当建筑物为多层建筑,其女儿墙压顶板内或檐口内有钢筋且周围除保安人员巡逻外通常无人停留时,宜利用女儿墙压顶板内或檐口内的钢筋作为接闪器。

5) 低压电源线路引入的总配电箱(配电柜)处装设Ⅰ级试验的电涌保护器,以及配电变压器设在本建筑物内或附设于外墙处,并在低压侧配电屏的母线上装设Ⅰ级试验的电涌保护器时:①在电子系统的室外线路采用金属线时,在其引入的终端箱处应安装 D1 类高能量试验类型的电涌保护器;②在电子系统的室外线路采用光缆时,其引入的终端箱处的电气线路侧,当无金属线路引出本建筑物至其他有自己接地装置的设备时,可安装 B2 类慢上升率试验类型的电涌保护器,其短路电流宜选用 50A。

6) 防侧击雷。

①对水平凸出外墙的物体,当雷击滚球半径 60m 球体从屋顶周边接闪带外向地面垂直下降接触到凸出外墙的物体时,应采取相应的防雷措施,如图 10-2 所示。

②高于 60m 的建筑物，其上部占高度 20%并超过 60m 的部位应防侧击雷。

③在建筑物上部占高度 20%并超过 60m 的部位，各表面上的尖物、墙角、边缘、设备以及显著凸出的物体，应按屋顶的保护措施处理。

④外部金属物可利用其作为接闪器，还可利用布置在建筑物垂直边缘处的外部引下线作为接闪器。

⑤建筑物为金属框架时，当其作为引下线或与引下线连接时均可利用金属框架作为接闪器。

⑥外墙内、外竖直敷设的金属管道及金属物的顶端和底端，应与防雷装置做等电位连接。

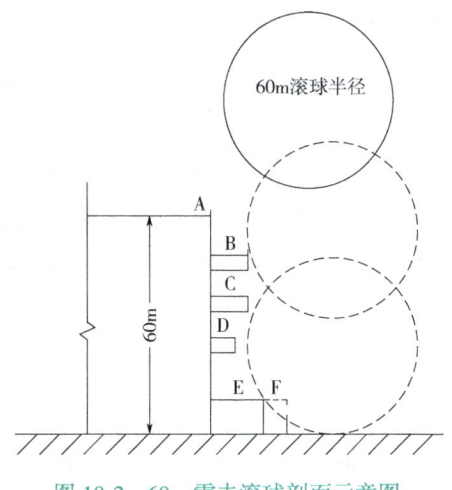

图 10-2　60m 雷击滚球剖面示意图

7）烟囱防雷。

①砖烟囱、钢筋混凝土烟囱，宜在烟囱上装设接闪杆或接闪环保护。多支接闪杆应连接在闭合环上。

②当非金属烟囱无法采用单支或双支接闪杆保护时，应在烟囱口装设环形接闪带，并应对称布置三支高出烟囱口不低于 0.5m 的接闪支持杆。钢筋混凝土烟囱的钢筋应在其顶部和底部与引下线和贯通连接的金属爬梯相连。可以利用钢筋作为引下线和接地装置。

③高度不超过 40m 的烟囱，可只设一根引下线；超过 40m 时应设两根引下线；可利用螺栓或焊接连接的一座金属爬梯作为两根引下线使用；金属烟囱可作为接闪器和引下线。

8）接地引下线及接地要求。

①专设引下线不应少于 2 根，并应沿建筑物四周和内庭院四周均匀对称布置，其间距沿周长计算不应大于 18m。当建筑物的跨度较大，无法在跨距中间设引下线时，应在跨距端设引下线并减小其他引下线的间距，专设引下线的平均间距不应大于 18m。

②外部防雷装置的接地应和防闪电感应、内部防雷装置、电气和电子系统等接地共用接地装置，并应与引入的金属管线做等电位连接。外部防雷装置的专设接地装置宜围绕建筑物敷设成环形接地体。

四、防雷与接地设计

1）确定防雷等级：首先根据规范相关要求，对建筑用途进行分析和经过防雷计算确定防雷等级。

2）确定接闪器的形式及措施：根据建筑外形构造确定防雷接闪器形式，是否有可利用的钢结构做接闪器，如果没有，需要另设接闪器的设施（避雷带或避雷针）。

3）确定防侧击雷的具体措施：根据建筑高度确定是否需要防侧击雷，如果需要，应说明防侧击雷措施。

4）确定有哪些设备需要防感应雷；说明防感应雷措施，根据建筑设备确定需与防雷接地系统连接的管路等，确定哪些引入管线及内部管道应做等电位连接。

5）确定高低压配电系统防闪电电涌侵入措施，选择合适参数的浪涌保护器。

6）根据建筑结构特性，确定是否有可利用的柱内钢筋做引下线，否则应做专用引下线。确定引下线的部位及根数、间距等。

五、防雷与接地的图样设计

建筑防雷与接地设计，一般应分别画出防雷平面和接地平面两张图，当屋面是一个平面或是斜面时，防雷平面可画一张图；当屋面错落不在一个平面上时，应画出不同层高楼面的防雷平面，如在一个平面图上能够通过标高标注清楚时，防雷平面可以画在一个平面图上，但应交代清楚不同高度防雷平面之间的防雷引线下之间的连接关系。

接地平面应画在结构工种提供的基础资料图上。并标注清楚防雷引下线、综合接地引下线及其他专用引下线，标注不同的接地引下线可用不同的字母加以区别。尽量避免防雷引下线与其他接地引下线利用同一个柱子的钢筋。为了方便引入和引出建筑物的金属管道做等电位接地，可在建筑基础四周距墙 1m 处设一根镀锌扁钢，镀锌扁钢外部应采用水泥包裹，埋深 1m 即可。

现在相关规范要求："当利用建筑物基础作为接地装置时，埋在土壤内的外接导体应采用铜质材料或不锈钢材料，不应采用热浸镀锌钢材。"这里主要考虑相同材料在不同环境中会产生电位差，导致导体腐蚀，建议如果外引接地线采用镀锌钢板材料时，外部采用水泥包裹即可。

防感应雷的设计一般与配电箱系统同时设计，金属管道及引入管线的等电位一般在防雷与接地说明中进行说明即可。防雷与接地设计说明可写在施工图设计总说明中，也可把防雷设计说明和图例与防雷平面图放在一张图纸上，把接地设计说明和图例与接地平面图放在一张图纸上。

六、防雷平面布置图

防雷平面布置图如图 10-3 所示。

七、接地平面布置图

接地平面布置图如图 10-4 所示。

第十章 建筑防雷及接地设计

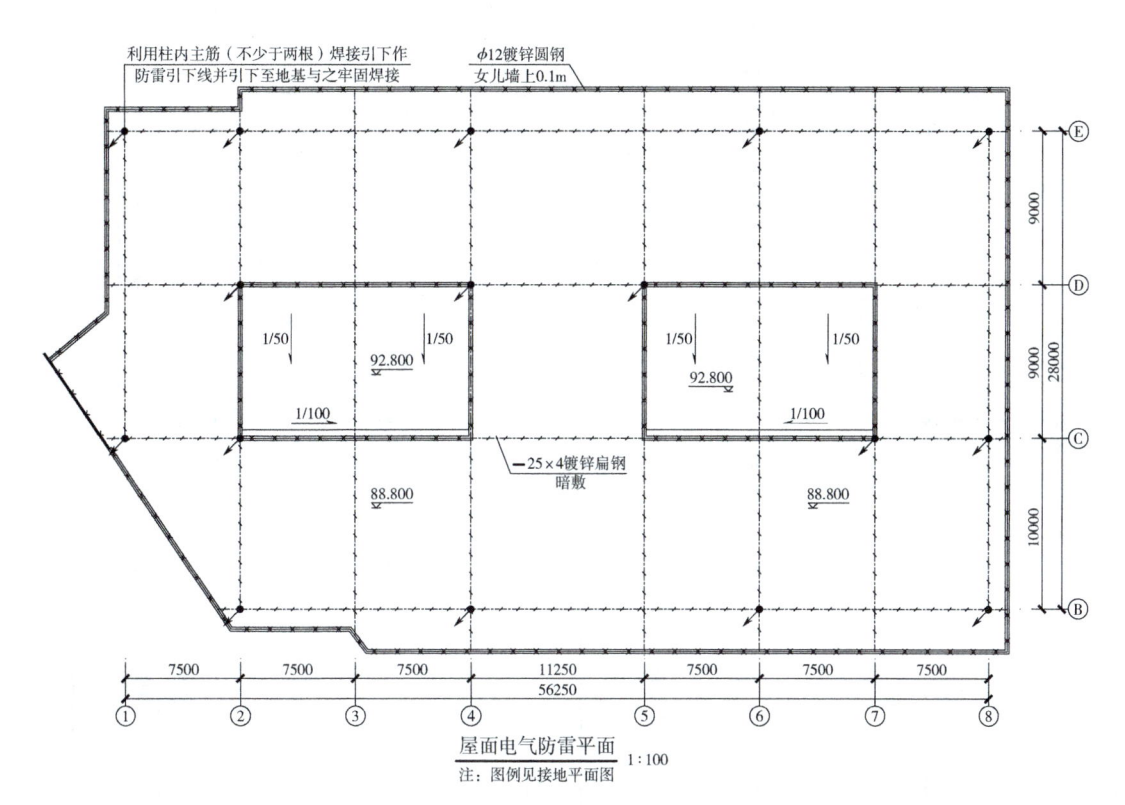

屋面电气防雷平面 1:100
注：图例见接地平面图

防雷设计说明

1. 建筑概况：该建筑高250m，功能定位为商业、高档写字楼，属一类超高层建筑。
2. 经过计算，该建筑年预计雷击次数为0.46，属于第二类防雷建筑，建筑物的防雷装置应满足防直击雷、侧击雷、雷电感应及雷电波的侵入。
3. 防雷接闪器设置：在屋面沿女儿墙明敷ϕ12mm镀锌圆钢避雷带作为接闪器，屋面避雷网格不大于10m×10m或8m×12m。
4. 防雷引下线设置：利用结构柱内主筋或剪力墙内两根ϕ16mm以上主筋作为引下线，作为引下线的两根主筋从地下室至屋顶通长焊接，焊接长度大于6d（d为利用柱筋直径），建筑物四角的外墙引下线在室外地面上0.5m处设测试卡子。
5. 采取防侧击雷措施，建筑物的钢构架及混凝土的钢筋应互相连接，每层结构圈梁中的钢筋连成闭合回路，并与防雷装置引下线连接。建筑物60m以上所有金属构件、金属窗、电气设备金属外壳均应与引下线连接。
6. 接地极设置：接地极利用建筑物基础地梁上两根主筋通长焊接形成的基础接地网。引下线主筋应与基础底板主筋可靠焊接。
7. 防感应雷设置：安装在屋面上的金属物体（如冷却塔、排气管、水管、呼吸阀等）及垂直敷设金属管道与金属物体的顶端和底端均应与防雷装置可靠连接。
8. 建筑物电子信息系统防雷
   1) 本工程电子信息系统雷电防护等级为B级。
   2) 电子信息系统机房应设局部等电位（网络）端子板，机房内电气和电子设备的金属外壳、机柜、机架、金属管、槽、屏蔽线缆外层、信息设备防静电接地、安全保护接地、浪涌保护器接地端等以最短的距离与局部等电位（网络）端子板连接。

3) 过电压保护：在变配电室低压母线上装一级电涌保护器（SPD），层配电箱内装二级电涌保护器，弱电机房配电箱内装二级电涌保护器屋顶室外风机、室外照明配电箱内装一级电涌保护器。
   4) 计算机电源系统、有线电视系统引入端、卫星接收天线引入端、电信引入端设过电压保护装置。
9. 接地及安全
   1) 本工程防雷接地，变压器中性点接地，电气设备的保护接地，电梯机房、消防控制室、通信机房、计算机房等的接地共用统一接地极，要求接地电阻不大于1Ω，实测不满足要求时，增设人工接地极。
   2) 低压配电系统的接地形式采用TN-S系统。所有配电回路设专用保护线（PE线），凡正常不带电而绝缘损坏时可能带电的电气设备的金属外壳，金属支架等物体应与PE线可靠连接。
   3) 在变配电室内各设一个总等电位端子板（1000mm×100mm×10mm铜排），总等电位端子板РЕ设备的金属外壳，金属支架等物体均应与PE线可靠连接。
   4) 设有洗浴设备的卫生间做局部等电位连接，等电位子箱下端距地0.3m，将卫生间内金属管道及连接件、PE线、地板内钢筋与端子板连接。
   5) 电气竖井（强电、弱电）内，从底部至顶端，明敷一根接地镀锌圆钢（—40×4）供接地用。与每层楼板钢筋等电位连接。
10. 所有人工避雷装置要求做镀锌处理。防雷装置做法见15D503《利用建筑物金属体做防雷及接地装置安装》和D500~D502（上册）《防雷与接地 上册》。

图10-3 防雷平面布置图

民用建筑电气设计技巧与实战

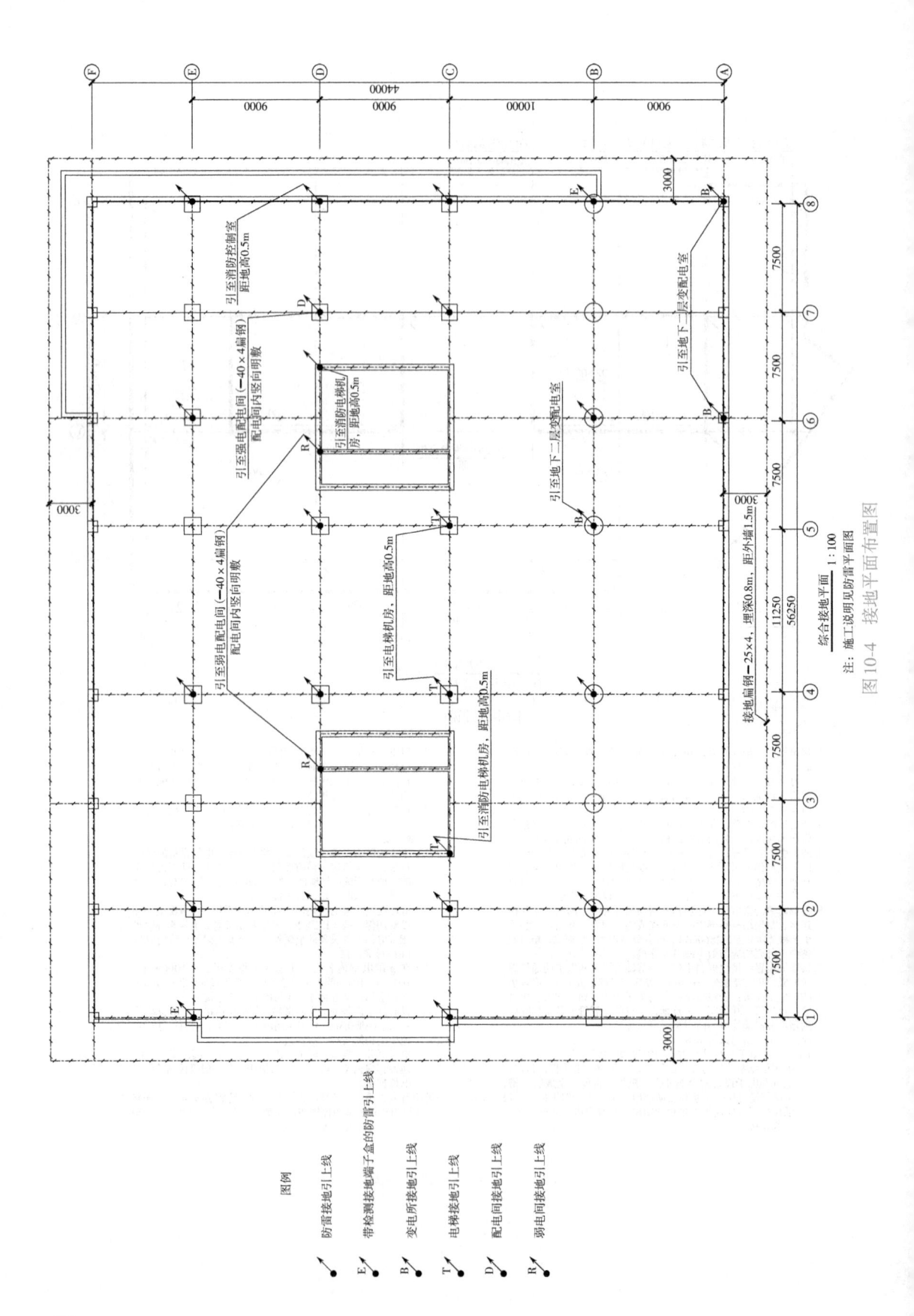

图10-4 接地平面布置图

八、接地系统中，重复接地的位置要求，防雷接地与工作接地的距离及配电室等电位接地做法

1. 交流电气装置的接地要求。

1）供配电变压器安装在该建筑物外时，建筑物内应做总等电位连接，电气装置的接地应满足：

①低压电缆和架空线路在引入建筑物处，TN-S 或 TN-C-S 系统的保护接地导体（PE）或保护接地中性导体（PEN）应一点或多点接地。

②对于 TT 系统，保护接地导体（PE）应单独接地。

2）供配电变压器安装在该建筑物内时，建筑物内应做总等电位连接。

2. 交流电气装置的接地电阻要求。

1）配电线路的零干线和分支线的终端接地，零干线上每隔 1km 做一次接地。对于距接地点超过 50m 的配电线路，接入用户处的零线仍应重复接地，重复接地电阻应不大于 10Ω。

2）变电所的交流工作接地及安全工作接地的接地电阻应小于 4Ω。

3. 各类接地电阻要求。

1）独立的防雷保护接地电阻应小于或等于 10Ω。

2）独立的安全保护接地电阻应小于或等于 4Ω。

3）独立的交流工作接地电阻应小于或等于 4Ω。

4）独立的直流工作接地电阻应小于或等于 4Ω。

5）防静电接地宜选择共用接地方式，当选择单独接地方式时，接地电阻不宜大于 10Ω，并应与防雷接地装置保持 20m 以上间距。

6）除另有规定外，智能化系统接地电阻不应大于 10Ω，宜采用共用接地装置，共用接地电阻以最低电阻为准，一般为 1Ω。

7）建筑物各电气系统的接地，除另有规定外，应采用同一接地装置，接地装置的接地电阻应符合其中最小值的要求。各系统不能确定接地电阻值时，接地电阻不应大于 1Ω。

8）低压线路每处重复接地网的接地电阻不应大于 10Ω。在电气设备的接地电阻允许达到 10Ω 的电力网中，每处重复接地的接地电阻值不应超过 30Ω，且重复接地不应少于 3 处。

4. 零线重复接地的作用。零线重复接地能够缩短故障持续时间，降低零线上的压降损耗，减轻相线与零线反接的危险性。在保护零线发生断路后，当电气设备的绝缘损坏或相线碰壳时，零线重复接地还能降低故障电气设备的对地电压，减小发生触电事故的危险性。因此零线重复接地在供电网络中具有相当重要的作用。

5. 相关规范对接地要求。

1）电子信息系统电缆与防雷引下线之间的水平距离最小 1m，交叉距离最小 0.3m。

2）一类防雷的电子信息系统电缆与防雷引下线之间间距应大于 4m，进出建筑物的金属管道离避雷针接地装置的距离也要 4m 以上，因为这些金属管是和室内接地干线连通的，属于室内接地干线的一部分。

3）TN 接地系统中，低压柴油发电机中性点接地方式，应与变电所内配电变压器低压侧中性点接地方式一致。

4）配电变压器和柴油发电机的中性点接地与总等电位端子连接时，宜采用铜芯电缆连接。

5）电力电缆的两端金属外皮应接地，穿金属导管敷设的电力电缆的两端金属外皮及金属导管均应接地。

6）屏蔽接地可分为静电屏蔽体接地、电磁屏蔽体接地、磁屏蔽体接地三种系统，三种系统的接地电阻值均不宜大于 4Ω。屏蔽室的接地应在电源进线处采用一点接地。

第十一章　火灾报警系统及消防联动系统

火灾报警及消防联动系统是目前建筑电气设计的一个重要环节，看似弱电设计，但在设计中基本都是由建筑强电工种完成。

火灾报警系统和消防联动系统，是不可分割有紧密逻辑关系的两个系统。火灾报警系统主要由火灾报警控制器、火灾探测器（感烟探测器、感温探测器、火焰探测器、燃气探测器等）、手动报警按钮及报警装置（声光报警器、消防广播）等组成。其工作过程是侦测—采集—处理—报警（联动报警装置）。消防联动系统是指设有火灾报警器系统时，由消防联动控制器及需要联动的消防设施组成的系统。

一、火灾报警系统

1. 火灾报警系统的主要组成部分。

1）触发装置：火灾信息采集的触发装置主要有火灾探测器和消防报警按钮。

2）火灾报警装置：火灾报警装置包括火灾报警控制器和火灾显示盘，火灾报警控制器用以接收、显示和输出火灾报警信号和消防联动系统信号；火灾显示盘又称复示盘或楼层显示器，用于接收火灾报警控制器发出的信号，显示发出火警部位或区域。

2. 火灾报警系统的种类。

1）区域报警系统：适用于仅需要报警，不需要联动自动消防设备的保护对象。

2）集中报警系统：适用于具有联动要求的保护对象。

3）控制中心报警系统：控制中心报警系统一般适用于建筑群，这些保护对象中可能设置多个消防控制室，且有多个集中火灾报警控制器时，需设控制中心报警系统。

3. 火灾探测器的种类。

1）感烟探测器常用的包括离子感烟探测器和光电感烟探测器。离子感烟探测器：电离室允许两个电极之间有空气通过，当烟离子进入两个电极之间时改变了空气的导电性，探测器发出报警。光电感烟探测器：烟离子改变光的传播，有遮光型和散光型两种，烟离子吸收和散射的作用使探测器报警。

2）感温探测器包括定温探测器、差温探测器及差定温探测器。感温探测器主要是利用热敏元件来探测火灾。探测器中的热敏元件发生物理变化，将温度信号转变成电信号进行报警；定温式探测器是在规定时间内，火灾引起的温度上升超过某个定值，内部热导体发生变化来启动火灾探测器；差温式探测器是在规定时间内，火灾引起的温度上升速率超过某个规定值时启动报警的火灾探测器。

3）感光火焰探测器包括紫外火焰探测器和红外火焰探测器。紫外火焰探测器通过探测物质燃烧产生的紫外线来探测火灾，紫外火焰探测器的响应速度较快，适用于火灾发生时易产生明火的场所；红外光束感烟探测器分为对射和反射两种，把接收器和发射器分为两个独立部分，对射安装，当它们之间有烟离子通过而改变光的传播使探测器报警，红外火焰探测器的响应速度较慢，但环境适应性较好。

4）复合式火灾探测器。复合式火灾探测器包括感温感烟探测器和感烟感光探测器。

5）可燃气体探测器包括催化燃烧式和半导体式。催化燃烧式气体探测器的传感器是利用催化燃烧的热效应原理，可燃气体在检测元件载体表面经催化剂的作用下发生无焰燃烧，载体温度就升高，从而使测量电桥失去平衡，输出一个与可燃气体浓度成正比的电信号；半导体式气体探测器的传感器是利用可燃气体分子的吸附作用改变半导体的电导率，通过电流变化的比较，激发报警电路。

6）吸气式感烟火灾探测器又称为空气采样火灾探测器，吸气式感烟火灾探测器采用主动吸气采样方式，可分为单管型、双管型、四管型等。

7）现场功能模块包括手动报警按钮、消火栓按钮、单输入模块（也称为监视模块）、电输入/单输出控制模块（也称为监控模块）等。

4. 火灾探测器的选择。

1）对火灾初期有阴燃阶段，产生大量的烟和少量的热的场所，应选择感烟火灾探测器。

2）对火灾发展迅速，产生大量热的场所，可选择感温火灾探测器。

3）对火灾发展迅速，产生大量热、烟和火焰辐射的场所，可选择感烟、感温或火焰组合探测器。

4）对火灾发展迅速，有强烈的火焰辐射和少量烟、热的场所，应选择火焰探测器。

5）对火灾初期有阴燃阶段，且需要早期探测的场所，宜增设一氧化碳火灾探测器，如储藏室、燃气供暖设备的机房、带有壁炉的客厅、地下停车场、车库、商场、超市等场所，由于其通风状况不佳，一旦发生火灾，在火灾初期极易造成燃烧不充分从而产生一氧化碳气体。

6）对使用、生产可燃气体或可燃蒸气的场所，应选择可燃气体探测器。

7）较大的平面空间场所中同时设置多个火灾探测器，只要其中几只探测器探测的火灾参数都发生变化，虽然火灾参数还没达到单只探测器报警的程度，但由于多只探测器都已有反应，则可认为发生了火灾等。

8）具有高速气流的场所，点型感烟和感温火灾探测器不适宜的大空间、舞台上方、建筑高度超过12m、低温场所、需要进行火灾早期探测的重要场所及人员不宜进入的场所等，宜采用吸气式感烟火灾探测器。

二、火灾探测器的设置

1. 点型火灾探测器的设置。

1）每个需探测的房间至少设置一只火灾探测器。

2）感烟火灾探测器保护半径可按不大于 6m 设计，感温火灾探测器的保保护半径可按不大于 3.6m 设计。

3）当梁凸出顶棚的高度小于 200mm 和梁间净距小于 1m 时，可不计梁对探测器保护面积的影响。当梁凸出顶棚的高度超过 600mm 时，被梁隔断的每个梁间区域应至少设置一只探测器。当梁凸出顶棚的高度为 200~600mm 时，酌情考虑。

4）在宽度小于 3m 的内走道顶棚上设置点型探测器时，宜居中布置。感温火灾探测器的安装间距不应超过 10m；感烟火灾探测器的安装间距不应超过 15m；探测器至端墙的距离，不应大于探测器安装间距的 1/2。点型探测器宜水平安装。当在倾斜的顶面安装时，要求倾斜角不应大于 45°。

2. 火焰探测器和图像型火灾探测器的设置。应考虑探测器的探测视角及最大探测距离，探测器的探测视角内不应存在遮挡物，应避免光源直接照射在探测器的探测窗口。单波段的火焰探测器不应设置在平时有阳光、白炽灯等光源直接或间接照射的场所。

3. 线型光束感烟火灾探测器的设置。

1）探测器的光束轴线至顶棚的垂直距离宜为 0.3~1.0m，距地高度不宜超过 20m。

2）相邻两组探测器的水平距离不应大于 14m，探测器至侧墙水平距离不应大于 7m，且不应小于 0.5m，探测器的发射器和接收器之间的距离不宜超过 100m。

3）探测器的设置应保证其接收端避开日光和人工光源直接照射。

4. 线型感温火灾探测器的设置。

1）探测器在保护电缆、堆垛等类似保护对象时，应采用接触式布置；其他需测温设施宜设置在装置的过热点附近。

2）设置在顶棚下方的线型感温火灾探测器，至顶棚的距离宜为 0.1m。探测器的保护半径应符合点型感温火灾探测器的保护半径要求；探测器至墙壁的距离宜为 1~1.5m。

3）光栅光纤感温火灾探测器每个光栅的保护面积和保护半径，应符合点型感温火灾探测器的保护面积和保护半径要求。

4）设置线型感温火灾探测器的场所有联动要求时，宜采用两只不同火灾探测器的报警信号组合。

5. 管路采样式吸气感烟火灾探测器的设置。

1）非高灵敏型探测器的采样管网安装高度不应超过 16m；高灵敏型探测器的采样管网

安装高度可超过 16m；采样管网安装高度超过 16m 时，灵敏度可调的探测器应设置为高灵敏度，且应减小采样管长度和采样孔数量。

2）探测器的每个采样孔的保护面积、保护半径，应符合点型感烟火灾探测器的保护面积、保护半径的要求。

3）一个探测单元的采样管总长不宜超过 200m，单管长度不宜超过 100m，同一根采样管不应穿越防火分区。采样孔总数不宜超过 100 个，单管上的采样孔数量不宜超过 25 个。

4）当采样管道采用毛细管布置方式时，毛细管长度不宜超过 4m。

5）吸气管路和采样孔应有明显的火灾探测器标识。

6）当采样管道布置形式为垂直采样时，每 2℃温差间隔或 3m 间隔（取最小者）应设置一个采样孔，采样孔不应背对气流方向。

6. 感烟火灾探测器在格栅吊顶场所的设置。

1）镂空面积与总面积的比例不大于 15%时，探测器应设置在吊顶下方。

2）镂空面积与总面积的比例大于 30%时，探测器应设置在吊顶上方。

3）镂空面积与总面积的比例为 15%～30%时，探测器的设置部位应根据实际试验结果确定，也可同时设置在吊顶上方和下方。

4）探测器设置在吊顶上方且火警确认灯无法观察时，应在吊顶下方设置火警确认灯。

5）地铁站台等有活塞风影响的场所，镂空面积与总面积的比例为 30%～70%时，探测器宜同时设置在吊顶上方和下方。

三、手动火灾报警按钮的设置

每个防火分区应至少设置一只手动火灾报警按钮。从一个防火分区内的任何位置到最邻近的手动火灾报警按钮的步行距离不应大于 30m。手动火灾报警按钮宜设置在疏散通道或出入口处。底边距地高度宜为 1.3～1.5m。

四、消防控制设备系统

1. 消防设备联控主要有自动灭火系统（喷淋泵系统）、室内消火栓系统、防烟排烟系统、正压风机余压控制系统、防火门监控系统、防火卷帘控制装置、电梯归底控制、非消防电源切除、火灾应急广播、火灾应急照明及疏散指示系统等。

2. 各消防控制设备联动的基本要求。

1）消防联动的基本要求：消防联动控制器应能按设定的控制逻辑向各相关的受控设备发出联动控制信号，并接受相关设备的联动反馈信号。消防水泵、防烟和排烟风机的控制设备，除应采用联动控制方式外，还应在消防控制室设置手动直接控制装置（可采用总线与手动操作盘的方式）。需要火灾自动报警系统联动控制的消防设备，其联动触发信号应采用两个独立的报警触发装置报警信号的"与"逻辑组合。消防控制设备一般设置在消防控制中心。也有的消防控制设备设置在被控消防设备所在现场，但其动作信号则必须返回消防控制室，实行集中与分散相结合的控制方式。

2）消火栓系统：应由消火栓系统出水干管上设置的低压压力开关、高位消防水箱出水管上设置的流量开关或报警阀压力开关等信号作为触发信号，直接控制启动消火栓泵，联动控制不应受消防联动控制器处于自动或手动状态影响。当设置消火栓按钮时，消火栓按钮的动作信号应作为报警信号及启动消火栓泵的联动触发信号，由消防联动控制器联动控制消火栓泵的启动。手动控制方式，应将消火栓泵控制箱（柜）的启动、停止按钮用专用线路直接连接至设置在消防控制室内的消防联动控制器的手动控制盘，直接手动控制消火栓泵的启动、停止。

3）自动喷水灭火系统：喷淋管道压力开关动作信号启动喷淋泵，或水流指示器动作信号启动喷淋泵湿式系统和干式系统的联动控制设计，应由湿式报警阀压力开关的动作信号作为触发信号，直接控制启动喷淋消防泵。手动控制方式，应将喷淋消防泵控制箱（柜）的启动、停止按钮用专用线路直接连接至设置在消防控制室内的消防联动控制器的手动控制盘，直接手动控制喷淋消防泵的启动、停止。水流指示器、信号阀、压力开关、喷淋消防泵的启动和停止的动作信号应反馈至消防联动控制器。

4）雨淋系统的联动控制设计，应由同一报警区域内两只及以上独立的感温火灾探测器或一只感温火灾探测器与一只手动火灾报警按钮的报警信号，作为雨淋阀组开启的联动触发信号。应由消防联动控制器控制雨淋消防泵和雨淋阀组的开启。手动控制方式，应将雨淋消防泵控制箱（柜）的启动和停止按钮、雨淋阀组的启动和停止按钮，用专用线路直接连接至设置在消防控制室内的消防联动控制器的手动控制盘，直接手动控制雨淋消防泵的启动、停止及雨淋阀组的开启。水流指示器、压力开关、雨淋阀组、雨淋消防泵启动和停止的动作信号应反馈至消防联动控制器。

5）水幕系统的联动控制设计，当自动控制的水幕系统用于防火卷帘的保护时，应由防火卷帘下落到楼板面的动作信号与本报警区域内任一火灾探测器或手动火灾报警按钮的报警信号作为水幕阀组启动的联动触发信号，并应由消防联动控制器联动控制水幕系统相关控制阀组的启动；仅用水幕系统作为防火分隔时，应由该报警区域内两只独立的感温火灾探测器的火灾报警信号作为水幕阀组启动的联动触发信号，并应由消防联动控制器联动控制水幕系统相关控制阀组的启动。手动控制方式，应将水幕系统相关控制阀组和消防泵控制箱（柜）的启动、停止按钮用专用线路直接连接至设置在消防控制室内的消防联动控制器的手动控制盘，并应能直接手动控制消防泵的启动、停止及水幕系统相关控制阀组的开启。压力开关、水幕系统相关控制阀组和消防泵启动、停止的动作信号，应反馈至消防联动控制器。

6）气体灭火系统、泡沫灭火系统的联动控制可采用通信连接到总控制系统，如果是简单的气体灭火装置，可将相关信号通过总线传输到总控制系统。气体灭火系统、泡沫灭火系统应分别由专用的控制器控制。气体灭火控制器、泡沫灭火控制器直接连接火灾探测器时，自动控制方式应符合下列规定：

①应由同一防护区域内两只独立的火灾探测器的报警信号、一只火灾探测器与一只手动火灾报警按钮的报警信号或防护区外的紧急启动信号，作为系统的联动触发信号，探测器的组合宜采用感烟火灾探测器和感温火灾探测器。

②气体灭火控制器、泡沫灭火控制器在接收到联动逻辑关系的首个联动触发信号后，应启动设置在该防护区内的火灾声光报警器，且联动触发信号应为任一防护区域内设置的感烟火灾探测器、其他类型火灾探测器或手动火灾报警按钮的首次报警信号；在接收到第二个联动触发信号后（联动触发信号应为同一防护区域内与首次报警的火灾探测器或手动火灾报警按钮相邻的感温火灾探测器、火焰探测器或手动火灾报警按钮的报警信号），应联动控制下列内容：

➢ 关闭防护区域的送（排）风机及送（排）风阀门。

➢ 停止通风和空气调节系统及关闭设置在该防护区域的电动防火阀。

➢ 联动控制关闭防护区域的门、窗。

➢ 启动气体灭火装置、泡沫灭火装置，可设定不大于30s的延迟喷射时间（平时无人工作的防护区，可设置为无延迟的喷射）。

➢ 气体灭火防护区出口外上方应设置表示气体喷洒的火灾声光报警器（气体喷洒的声信号应与该保护对象中设置的火灾声报警器的声信号有明显区别）。启动气体灭火装置、泡沫灭火装置的同时，应启动设置在防护区入口处表示气体喷洒的火灾声光报警器。组合分配系统应首先开启相应防护区域的选择阀，然后启动气体灭火装置、泡沫灭火装置。

7）正压送风系统。

①由加压送风口所在防火分区内的两只独立的火灾探测器或一只火灾探测器与一只手动火灾报警按钮的报警信号，作为送风口开启和加压送风机启动的联动触发信号，并应由消防联动控制器联动控制相关层前室等需要加压送风场所加压送风口的开启和加压送风机的启动。

②设置在防火隔墙上的防火窗，应采用不可开启的窗扇或具有火灾时能联动关闭的功能。

③余压监控系统是在正压送风系统启动后，通过安装在前室及楼梯间的余压探测器对正压送风进行实时监控，余压控制器根据余压值联动旁通阀的开启或关闭，使余压值保持在合理的范围内。余压控制原理如图11-1所示。

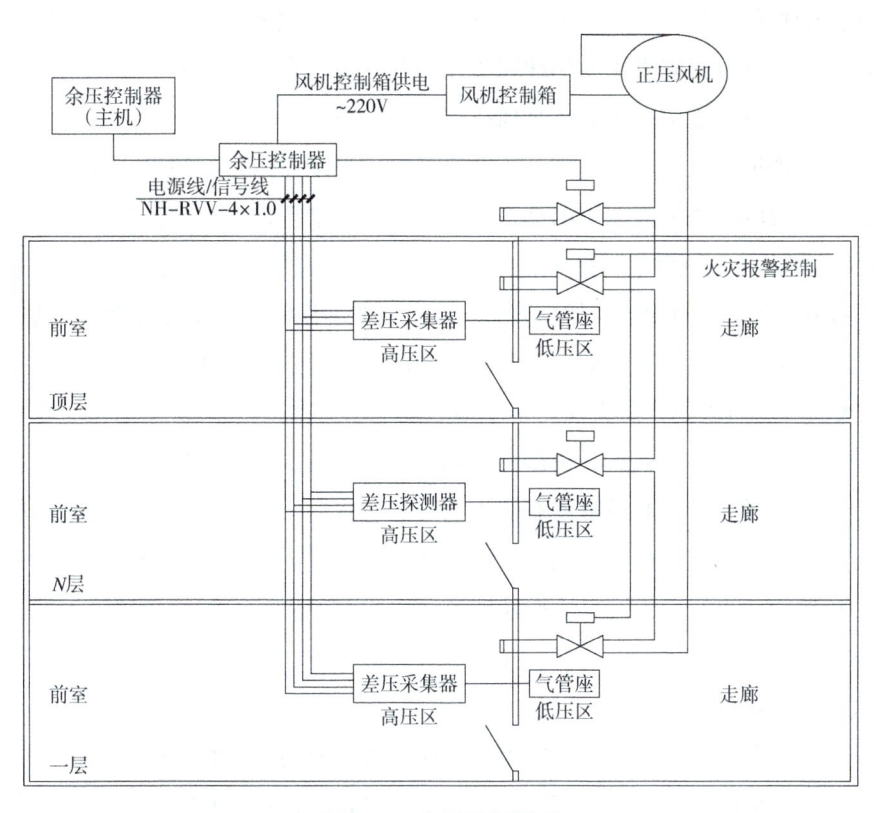

图 11-1　余压控制原理

注：1. 多台余压控制器需设余压控制主机。
　　2. 楼梯间在楼的总高度下部三分之一处设一个差压采集器即可。
　　3. 楼梯间压力控制在 40~50Pa，前室压力控制在 25~30Pa。
　　4. 前室与走道差压控制在 25~30Pa。

8）排烟系统。

①排烟口、排烟窗或排烟阀开启的联动触发信号设计要求：应由同一防烟分区内的两只独立的火灾探测器的报警信号（或一只火灾探测器与一只手动报警按钮报警信号的"与"逻辑），作为排烟口、排烟窗或排烟阀开启的联动触发信号，并应由消防联动控制器联动控制排烟口、排烟窗、排烟阀或电动挡烟垂壁的开启，同时停止该防烟分区的空气调节系统。

②排烟风机启动的联动触发信号设计要求：排烟口、排烟窗或排烟阀开启的动作信号，作为排烟风机启动的联动触发信号，并应由消防联动控制器联动控制排烟风机的启动。串接排烟口的反馈信号应并接，作为启动排烟机的联动触发信号。

③电动挡烟垂壁感烟探头设计要求：应由同一防烟分区内且位于电动挡烟垂壁附近的两只独立的感烟火灾探测器的报警信号，作为电动挡烟垂壁降落的联动触发信号，并应由消防联动控制器联动控制电动挡烟垂壁的降落。

④排烟系统的手动控制设计要求：应能在消防控制室内的消防联动控制器上手动控制送

风口、电动挡烟垂壁、排烟口、排烟窗、排烟阀的开启或关闭及排烟风机的启动或停止，排烟风机的启动、停止按钮应采用专用线路直接连接至设置在消防控制室内的消防联动控制器的手动控制盘，并应直接手动控制排烟风机的启动、停止。

⑤送风口、排烟口、排烟窗或排烟阀开启和关闭的动作信号反馈设计要求：防烟、排烟风机启动和停止及电动防火阀关闭的动作信号，均应反馈至消防联动控制器。

⑥280℃排烟防火阀联动设计要求：排烟风机入口处的总管上设置的280℃排烟防火阀在关闭后应直接联动控制风机停止，排烟防火阀及风机的动作信号应反馈至消防联动控制器。

⑦补风机联动设计要求：排烟风机打开的同时应联动该防火区域的补风机。

9）防火卷帘、防火门、防火窗、排烟窗联动逻辑关系。

防火卷帘、防火门、防火窗、排烟窗等都是民用建筑设计不可缺少的部分，尤其是规模较大建筑的防火隔断和防火通道都设有防火卷帘和防火门。防火卷帘主要有防火通道上的防火卷帘和防火隔断的防火卷帘，它们的控制方式有所不同。防火门有常开防火门和常闭防火门，它们的控制方式也有所不同。不同功能的防火门和设置在不同位置的防火卷帘的控制原理论述如下：

①防火卷帘控制。

➢ 设置在通道上的防火卷帘，主要用于防烟和防火分隔，同时也可以用于人员疏散（虽然疏散通道在防火分隔处设有防火疏散门）。因此，需要采用两步降落方式。防火分区内的任两只感烟探测器或任一只专门用于联动防火卷帘的感烟火灾探测器的报警信号联动控制防火卷帘下降至距楼板面1.8m处，任一只专门用于联动防火卷帘的感温火灾探测器的报警信号应联动控制防火卷帘下降到楼板面。因此，在卷帘的两侧距卷帘纵深0.5~5m内应设置不少于2只专门用于联动防火卷帘的感温火灾探测器。通道上防火卷帘消防联动平面布置图如图11-2所示。

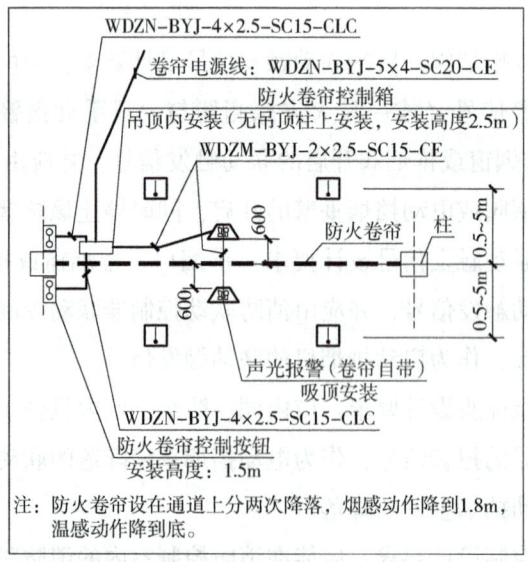

图11-2 通道上防火卷帘消防联动平面布置图

➤ 非通道上设置的防火卷帘的联动控制设计，应由防火卷帘所在防火分区内任两只独立的火灾探测器的报警信号，作为防火卷帘下降的联动触发信号，并应联动控制防火卷帘直接下降到楼板面。建筑共享大厅回廊楼层间等处设置的防火卷帘仅用作防火分隔，联动直接下降到楼板面。作为防火隔断的防火卷帘消防联动平面布置图如图11-3所示。

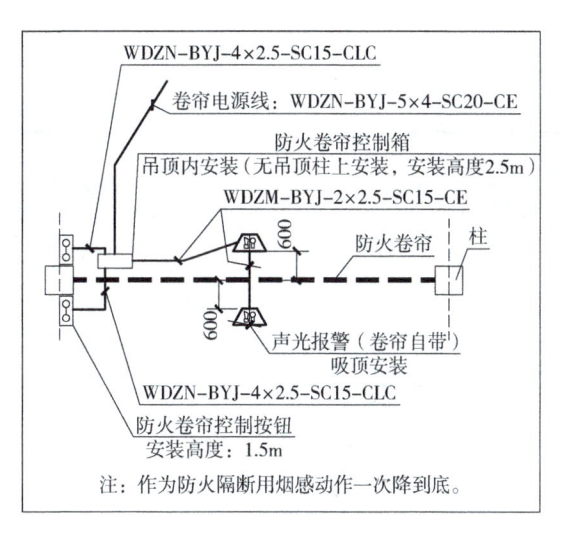

图 11-3　作为防火隔断的防火卷帘消防联动平面布置图

②当电动防火卷帘采用水幕保护时，应用定温探测器与防火卷帘到底信号开启水幕电磁阀，再用水幕电磁阀开启信号启动水幕泵。

③防火门系统的联动控制设计。

➤ 防火门工作原理：设置在建筑内经常有人通行处的防火门一般为常开防火门，常开防火门应能在火灾时由防火门监控系统联动关闭，并将关闭信号反馈到后台。除设置的常开防火门的位置外，其他位置的防火门均为常闭防火门，常闭防火门应具有自行关闭功能，双扇防火门应具有按顺序自行关闭的功能，常闭防火门宜由防火门监控系统监控常闭防火门是否关闭，人员密集场所常闭防火门、平时需要控制人员随意出入的疏散门和设置门禁系统的住宅、宿舍、公寓建筑的外门，应保证火灾时不需使用钥匙等任何工具即能从内部易于打开，应在其明显位置设置"保持防火门关闭"等提示标识，仅作为防火分区的防火门在其内外两侧都可手动开启。

➤ 常开防火门控制要求：应由常开防火门所在防火分区内的两只独立的火灾探测器或一只火灾探测器与一只手动火灾报警按钮的报警信号，作为常开防火门关闭的联动触发信号，联动触发信号应由火灾报警控制器或消防联动控制器发出，并应由消防联动控制器或防火门监控器联动控制防火门关闭，各常开防火门的开启、关闭及故障状态信号应反馈至防火门监控器。常开防火门控制电气平面图如图11-4所示。

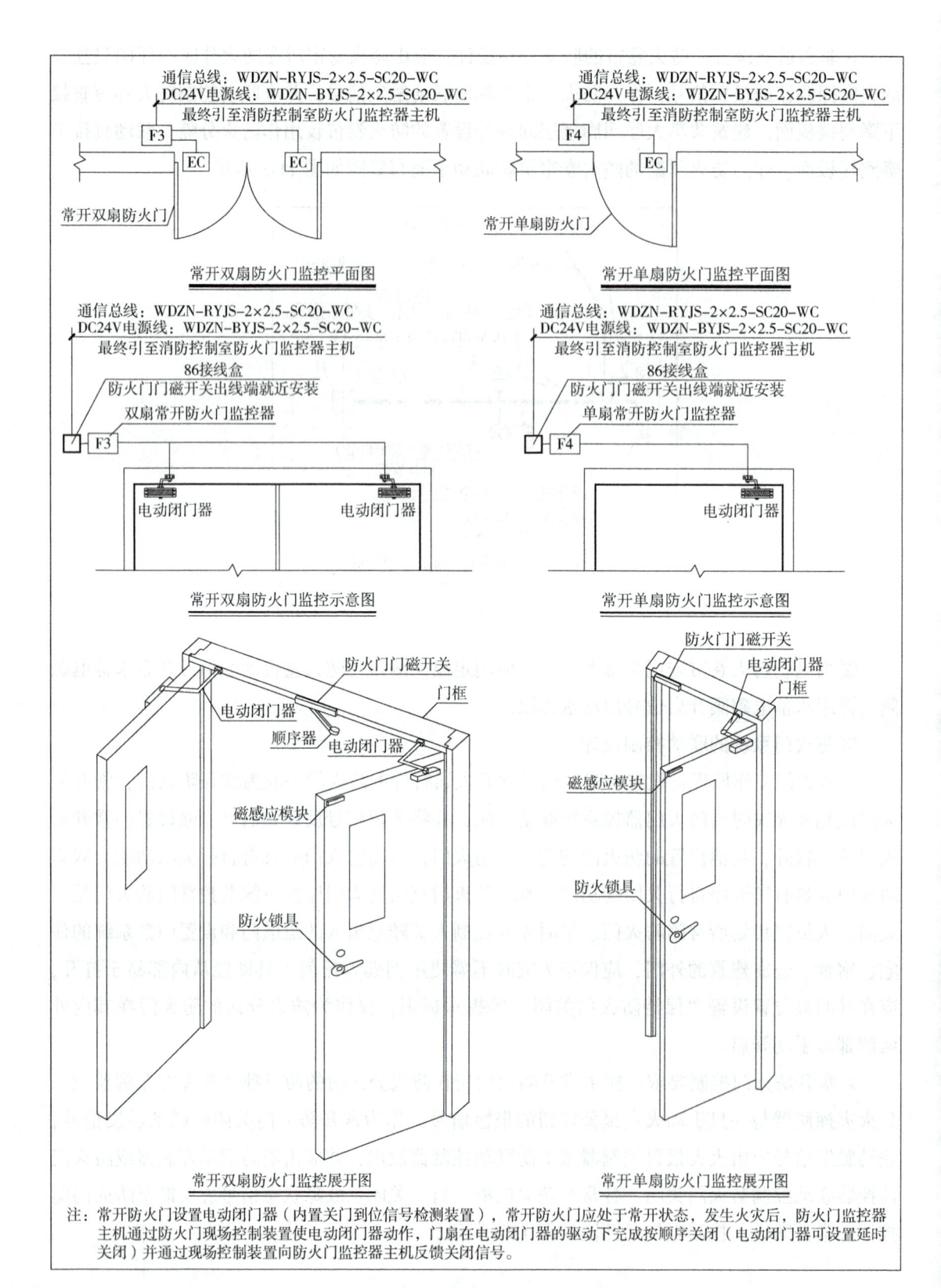

通信总线：WDZN-RYJS-2×2.5-SC20-WC
DC24V电源线：WDZN-BYJS-2×2.5-SC20-WC
最终引至消防控制室防火门监控器主机

通信总线：WDZN-RYJS-2×2.5-SC20-WC
DC24V电源线：WDZN-BYJS-2×2.5-SC20-WC
最终引至消防控制室防火门监控器主机

常开双扇防火门监控平面图

常开单扇防火门监控平面图

通信总线：WDZN-RYJS-2×2.5-SC20-WC
DC24V电源线：WDZN-BYJS-2×2.5-SC20-WC
最终引至消防控制室防火门监控器主机
86接线盒
防火门门磁开关出线端就近安装
双扇常开防火门监控器

通信总线：WDZN-RYJS-2×2.5-SC20-WC
DC24V电源线：WDZN-BYJS-2×2.5-SC20-WC
最终引至消防控制室防火门监控器主机
86接线盒
防火门门磁开关出线端就近安装
单扇常开防火门监控器

电动闭门器　电动闭门器

电动闭门器

常开双扇防火门监控示意图

常开单扇防火门监控示意图

防火门门磁开关
门框
电动闭门器
顺序器
电动闭门器
磁感应模块
防火锁具

防火门门磁开关
电动闭门器
门框
磁感应模块
防火锁具

常开双扇防火门监控展开图

常开单扇防火门监控展开图

注：常开防火门设置电动闭门器（内置关门到位信号检测装置），常开防火门应处于常开状态，发生火灾时，防火门监控器主机通过防火门现场控制装置使电动闭门器动作，门扇在电动闭门器的驱动下完成按顺序关闭（电动闭门器可设置延时关闭）并通过现场控制装置向防火门监控器主机反馈关闭信号。

图 11-4　常开防火门控制电气平面图

> 常闭防火门控制要求：常闭防火门仅设置监控装置即可，检测常闭防火门是否处于关闭状态，各常闭防火门的关闭状态信号应反馈至防火门监控器。常闭防火门控制电气平面图如图 11-5 所示。

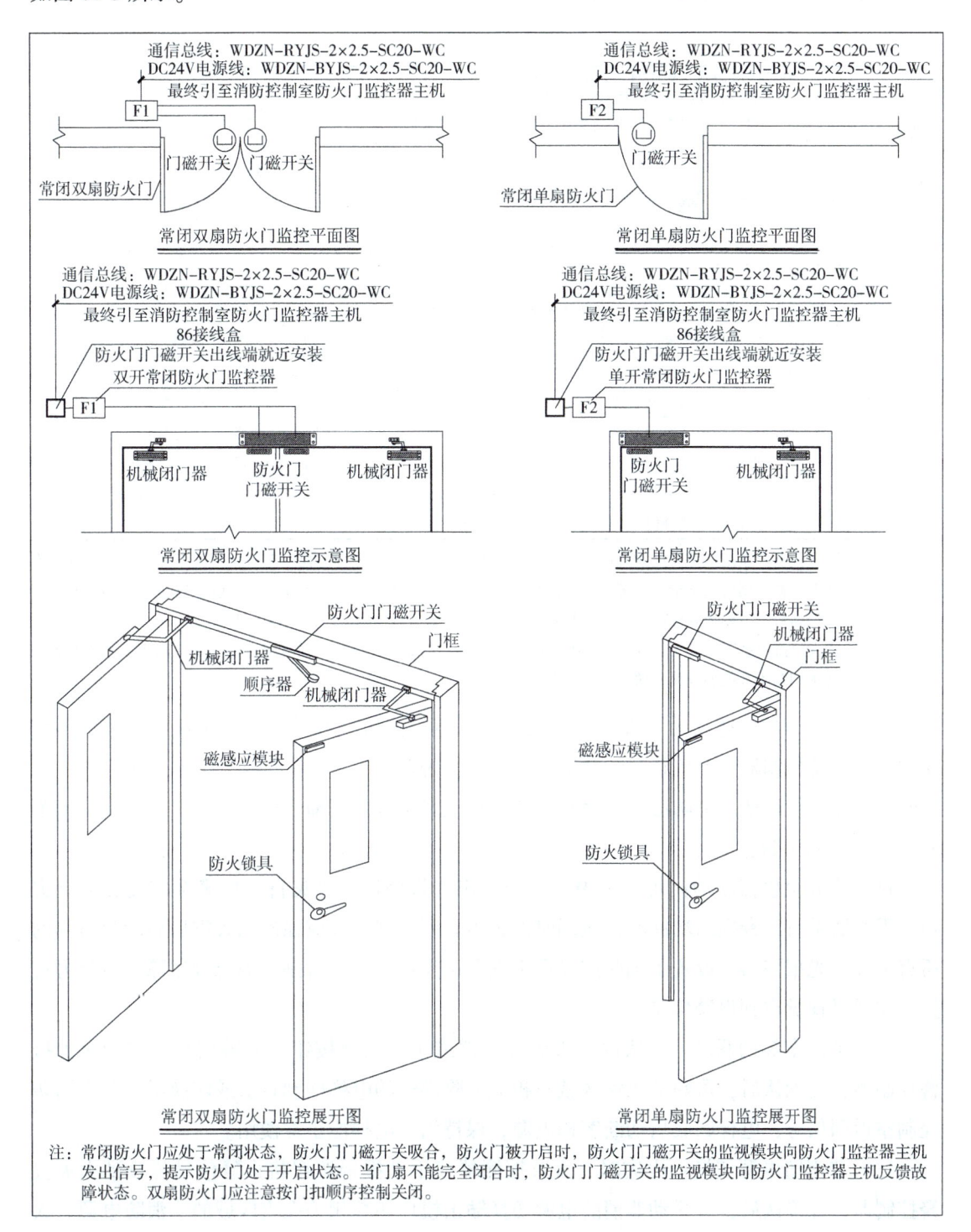

注：常闭防火门应处于常闭状态，防火门门磁开关吸合，防火门被开启时，防火门门磁开关的监视模块向防火门监控器主机发出信号，提示防火门处于开启状态。当门扇不能完全闭合时，防火门门磁开关的监视模块向防火门监控器主机反馈故障状态。双扇防火门应注意按门扣顺序控制关闭。

图 11-5　常闭防火门控制电气平面图

> 防火门监控器应设置在消防控制室内，没有消防控制室时，应设置在有人值班的场所。

> 防火门控制系统及设备表见表11-1。

表11-1 防火门控制系统及设备表

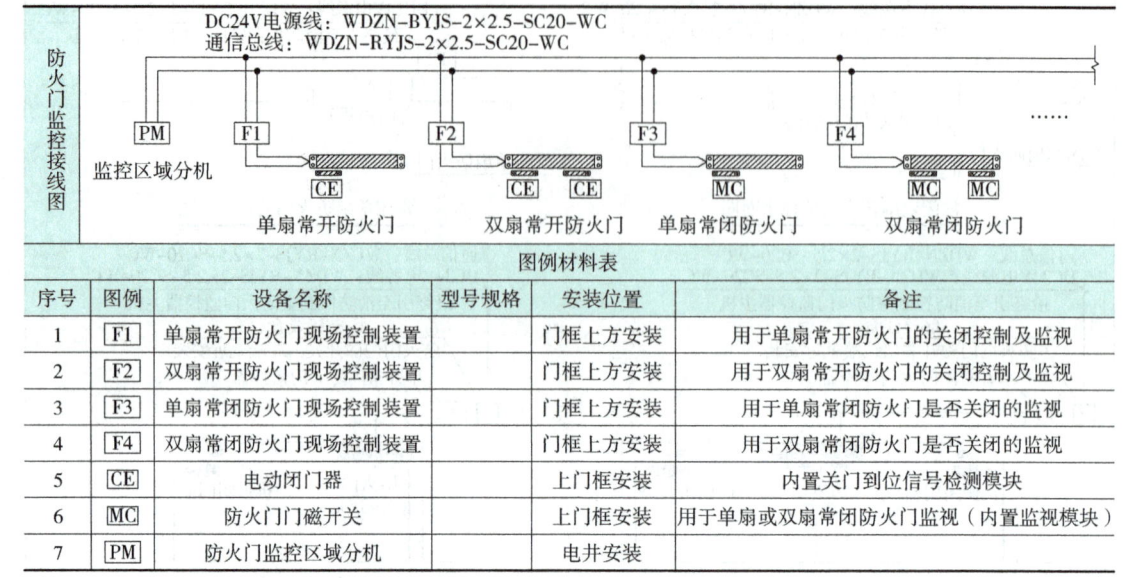

防火门监控接线图	DC24V电源线：WDZN-BYJS-2×2.5-SC20-WC 通信总线：WDZN-RYJS-2×2.5-SC20-WC PM—监控区域分机；F1—单扇常开防火门；F2—双扇常开防火门；F3—单扇常闭防火门；F4—双扇常闭防火门；CE、MC现场设备					
图例材料表						
序号	图例	设备名称	型号规格	安装位置	备注	
1	F1	单扇常开防火门现场控制装置		门框上方安装	用于单扇常开防火门的关闭控制及监视	
2	F2	双扇常开防火门现场控制装置		门框上方安装	用于双扇常开防火门的关闭控制及监视	
3	F3	单扇常闭防火门现场控制装置		门框上方安装	用于单扇常闭防火门是否关闭的监视	
4	F4	双扇常闭防火门现场控制装置		门框上方安装	用于双扇常闭防火门是否关闭的监视	
5	CE	电动闭门器		上门框安装	内置关门到位信号检测模块	
6	MC	防火门磁开关		上门框安装	用于单扇或双扇常闭防火门监视（内置监视模块）	
7	PM	防火门监控区域分机		电井安装		

注：1. 防火门监控系统对防火门的开启、关闭及故障状态等动态信息进行监控，对防火门处于非正常打开的状态或非正常关闭的状态给出报警提示，使其恢复到正常工作状态，当火灾发生时接收火灾报警联动控制器的火警信号，自动控制按顺序关闭常开防火门，同时反馈信号至防火门监控器主机。

2. 防火门监控系统主机—区域分机采用CAN总线，防火门监控系统主机或区域分机到防火门现场控制装置或防火门门磁开关的线路参照产品说明书。

10）火灾事故广播联动：火灾时，火灾探测器报警信号或手动报警按钮将火警信号传输到火灾报警控制器，经确认后，联动启动声光报警器和火灾事故广播，当确认火灾后，应同时向全楼进行广播。消防应急广播与普通广播或背景音乐广播合用时，应具有强制切入消防应急广播的功能。

11）声光报警器联动：每个报警区域应设声光报警器，火灾自动报警系统设置的火灾声光报警器带有语音提示功能时，应同时设置语音同步器，并应在确认火灾后启动建筑内的所有火灾声光报警器。设置了消防广播还需设置声光报警器，就是考虑聋哑残障人员听力丧失，需通过视觉得到报警信息。

12）消防电梯的联动：火灾时，火灾探测器或手动报警按钮将火警信号传输到火灾报警控制器，经确认后，可联动火灾区域及相关危险部位的电梯回到首层或转换层，并向消防控制室返回信号；电梯归底后切断客梯电源，保持消防电梯能正常使用。

13）非消防电源切换：火灾时，火灾探测器或手动报警按钮将火警信号传输到火灾报警控制器，经确认后，可联动非消防电源切换输出模块切断相关火灾区域的非消防电源。火灾时不应立即切掉的非消防电源有正常照明、生活给水泵、安全防范系统设施、地下室排水泵、客梯和Ⅰ~Ⅲ类汽车库作为车辆疏散口的提升机。宜在自动喷淋系统、消火栓系统动作前切断非消防电源。

14）消防联动控制器应具有打开疏散通道上由门禁系统控制的门、庭院电动大门、疏散的电动栅杆、停车场出入口挡杆等的功能。

15）消防应急照明和疏散指示系统的联动控制设计：消防应急照明和疏散指示系统可分为集中控制型系统和非集中控制型系统。设置火灾自动报警系统的场所，宜选择集中控制型系统，其他场所可选择非集中控制型系统。具有一种疏散指示方案的区域，应按照最短路径疏散的原则确定该区域的疏散指示方案；具有两种及以上疏散指示方案的区域应根据火灾时相邻防火分区可借用和不可借用的两种情况，分别按最短路径疏散原则和避险原则确定相应的疏散指示方案。

①集中控制型消防应急照明和疏散指示系统，应由火灾报警控制器或消防联动控制器启动应急照明控制器实现。所有消防应急灯具的工作状态都受应急照明集中控制器控制。

②集中电源非集中控制型消防应急照明和疏散指示系统，应由消防联动控制器联动应急照明集中电源和应急照明分配电装置（应急照明配电箱）实现。

③自带电源非集中控制型消防应急照明和疏散指示系统，应由消防联动控制器联动消防应急照明配电箱实现。

④设置在距地面 8m 及以下的灯具应选择 A 型灯具。

⑤住宅建筑中，未设置消防控制室的住宅建筑，疏散走道、楼梯间等场所可选择自带电源 B 型灯具。当灯具采用自带蓄电池供电方式时，消防应急照明可以兼用日常照明，为了保障系统运行的可靠性，应确保在火灾等紧急情况下灯具现场控制开关的工作状态不能影响灯具光源的应急点亮。

16）消防联动控制器应具有自动打开涉及疏散的电动栅杆、门禁系统、庭院电动大门及停车场挡杆等功能，开启相关区域安全技术防范系统的摄像机监视火灾现场。相关门禁系统有现场手动打开措施可不设消防联动。

五、区域显示器的设置

区域显示器、楼层显示器均为火灾显示盘，每个报警区域宜设置一台区域显示器（火灾显示盘）；当一个报警区域包括多个楼层，而每个楼层房间比较多，不能一眼从楼梯口看到哪个房间着火时，宜在每个楼层设置一台仅显示本楼层的区域显示器。区域显示器应设置在出入口等明显和便于操作的部位，挂墙安装底边距地面高度宜为 1.3~1.5m。

六、火灾报警器的设置

每个报警区域内应均匀设置火灾报警器，火灾光报警器应设置在每个楼层的楼梯口、消防电梯前室等处的明显部位，且不宜与安全出口指示标志灯具设置在同一面墙上，当火灾报警器采用壁挂方式安装时，其底边距地面高度应大于 2.2m。

七、消防应急广播的设置

民用建筑内扬声器应设置在走道和大厅等公共场所。每个扬声器的额定功率不应小于 3W，其数量应能保证从一个防火分区内的任何部位到最近一个扬声器的直线距离不大于 25m，走道末端距最近的扬声器距离不应大于 12.5m。客房设置专用扬声器时，其功率不宜小于 1W。壁挂扬声器的底边距地面高度应大于 2.2m，地下车库扬声器设置应注意广播回声，扬声器功率不宜过大，宜小功率多数量。

八、消防专用电话的设置

1. 消防控制室应设置可直接报警的外线电话，一般由市政电信网引来即可。消防控制室应设置消防专用电话总机，消防专用电话网应为独立的消防通信系统，多线制消防专用电话系统中的每个电话分机应与总机单独连接，中间不应有交换或转接程序。

2. 下列位置或场所应设电话分机或电话插孔：消防水泵房、发电机房、配变电室、计算机网络机房、主要通风和空调机房、防排烟机房、灭火控制系统操作装置处或控制室、消防值班室、消防电梯机房及其他与消防联动控制有关的且经常有人值班的机房应设置消防专用电话分机。

3. 手动火灾报警按钮或消火栓按钮等处，宜选择带有电话插孔的手动火灾报警按钮。

4. 各避难层应每隔 20m 设置一个消防专用电话分机或电话插孔。电话插孔在墙上安装时，其底边距地面高度宜为 1.3~1.5m。

九、监控模块的设置

每个报警区域内的监控模块宜相对集中地设置在本报警区域内的专用金属箱中，监控模块严禁设置在配电（控制）柜（箱）内，本报警区域内的监控模块不应控制其他报警区域的设备。

十、住宅建筑火灾自动报警系统

1. 住宅建筑火灾自动报警系统分类。

1) A 类系统可由火灾报警控制器、手动火灾报警按钮、家用火灾探测器、火灾声报警器、应急广播等设备组成。

2）B类系统可由控制中心监控设备、家用火灾报警控制器、家用火灾探测器、火灾声报警器等设备组成。

3）C类系统可由家用火灾报警控制器、家用火灾探测器、火灾声报警器等设备组成。

4）D类系统可由独立式火灾探测报警器、火灾声报警器等设备组成。

2. 住宅建筑火灾自动报警系统的选择。

1）有物业集中监控管理且设有需联动控制的消防设施的住宅建筑应选用A类系统。

2）仅有物业集中监控管理没有需要联动控制的消防设施的住宅建筑宜选用A类或B类系统。

3）没有物业集中监控管理的住宅建筑宜选用C类系统。

4）别墅式住宅和已投入使用的住宅建筑可选用D类系统。

3. 住宅建筑火灾自动报警系统设计。

1）A类系统，住户内设置的家用火灾探测器可接入家用火灾报警控制器，也可直接接入楼宇火灾报警控制器系统。设置的家用火灾报警控制器应将火灾报警信息、故障信息等相关信息传输给相连接的火灾报警控制器。建筑公共部位设置的火灾探测器应直接接入火灾报警控制器。

2）B类系统，设置在每户住宅内的家用火灾报警控制器应连接到控制中心监控设备，控制中心监控设备应能显示发生火灾的住户。当控制中心监控设备接收到居民住宅的火灾报警信号后，应启动设置在公共区域的火灾声报警器。

3）C类系统，住户内设置的家用火灾探测器应接入家用火灾报警控制器。当住宅内发出火灾报警信号后，应启动设置在住宅公共区域的火灾声报警器。

4）D类系统，有多个起居室的住户，宜采用互连型独立式火灾探测报警器。宜选择电池供电时间不少于3年的独立式火灾探测报警器。

4. 家用火灾报警控制器的设置。家用火灾报警控制器应独立设置在每户内，且应设置在明显和便于操作的部位。当采用壁挂方式安装时，其底边距地面高度宜为1.3~1.5m。

具有可视对讲功能的家用火灾报警控制器宜设置在进户门附近。

5. 住宅建筑火灾声报警器的设置。

1）住宅建筑公共部位设置的火灾声报警器应具有语音功能，且应能接受联动控制或由手动火灾报警按钮信号直接控制发出警报。

2）火灾声报警器的最大警报范围应为本层及其相邻的上下层。首层明显部位应设置用于直接启动火灾声报警器的手动按钮。

6. 住宅建筑应急广播的设置。

1）住宅建筑内设置的应急广播应能接受联动控制或由手动火灾报警按钮信号直接控制进行广播。设置了应急广播时，应同时设置联动控制启动和手动火灾报警按钮启动功能。

2）每台扬声器覆盖的楼层不应超过 3 层。广播功率放大器应具有消防电话插孔，消防电话插入后应能直接讲话。插孔式消防电话是标准的消防产品，插入插孔后，即可直接讲话，讲话内容经放大器传给各扬声器。

3）当无消防控制值班室时，广播功率放大器可设置在首层内走道侧面墙上，箱体面板应有防止非专业人员打开的措施。

7. 住宅建筑可燃气体探测器的设置。

1）可燃气体探测器宜设置在可能产生可燃气体部位附近被保护空间的顶部，线型可燃气体探测器的保护区域长度不宜大于 60m。

2）可燃气体报警控制器的设置：当有消防控制室时，可燃气体报警控制器可设置在保护区域附近，经通信连线与消防控制器连接；当无消防控制室时，可燃气体报警控制器应设置在有人值班的场所。

十一、电气火灾监控系统

1. 电气火灾监控系统的组成。

1）电气火灾监控器。

2）剩余电流式电气火灾监控探测器。

3）测温式电气火灾监控探测器。

2. 电气火灾监控探测器的设置。

1）在无消防控制室且电气火灾监控探测器设置数量不超过 8 只时，可采用独立式电气火灾监控探测器，独立式电气火灾监控探测器可安装在被监控的设备附近，独立式电气火灾监控探测器应将报警信号传至有人值班的场所。

2）非独立式电气火灾监控探测器，应接入电气火灾监控器，不应接入火灾报警控制器的探测器回路。

3）在设置消防控制室的场所，电气火灾监控探测器的报警信息和故障信息应在火灾报警控制器上显示，但该类信息与火灾报警信息的显示应有区别。

4）当线型感温火灾探测器用于电气火灾监控时，可接入电气火灾监控器。

5）剩余电流式电气火灾监控探测器应以设置在低压配电系统首端为基本原则，宜设置在第一级配电柜（箱）的出线端。探测器报警值宜为 300~500mA。当供电线路泄漏电流大于 500mA 时，宜在其下一级配电柜（箱）设置。

6）剩余电流式电气火灾监控探测器不宜设置在 IT 系统的配电线路和消防配电线路中。

7）探测线路故障电弧的电气火灾监控探测器，其保护线路的长度不宜大于 100m。

8）测温式电气火灾监控探测器应设置在电缆接头、端子、重点发热部件等部位。保护对象为 1000V 及以下的配电线路，测温式电气火灾监控探测器应采用接触式布置；保护对象为 1000V 以上的供电线路，测温式电气火灾监控探测器宜选择光栅光纤测温式或红外测温式电气火灾监控探测器，光栅光纤测温式电气火灾监控探测器应直接设置在保护对象的表面。

3. 电气火灾监控器的设置。

设有消防控制室时，电气火灾监控器应设置在消防控制室内或保护区域附近；设置在保护区域附近时，应将报警信息和故障信息传入消防控制室且应显示。

十二、火灾报警系统供电

1. 消防用电负荷应为被保护对象用电的最高级别负荷，消防负荷不得与非消防负荷共用一个回路，宜采用专线供电。

2. 火灾自动报警系统应设置交流电源和蓄电池备用电源。备用电源可采用蓄电池电源或消防设备应急电源。当备用电源采用消防设备应急电源时，火灾报警控制器和消防联动控制器应采用单独的供电回路。

3. 消防控制室图形显示装置、消防通信设备等的电源，宜由 UPS 电源装置或消防设备应急电源供电。

4. 消防设备应急电源输出功率应大于火灾自动报警及联动控制系统全负荷功率的 120%，蓄电池组的容量应保证火灾自动报警及联动控制系统在火灾状态同时工作负荷条件下连续工作 3h 以上。

5. 消防用电设备应采用专用的供电回路，配电线路和控制回路宜按防火分区划分。

6. 防火卷帘、防火门、排烟窗等控制箱的供电：每个防火分区的防火卷帘、防火门、排烟窗都应采用独立回路供电，一般采用链式树干供电，一个回路供电不宜超过五个控制箱。电源供电线路应采用耐火电缆（或电线）。

十三、火灾报警系统接地

1. 采用共用接地装置时，接地电阻值不应大于 1Ω。
2. 采用专用接地装置时，接地电阻值不应大于 4Ω。
3. 消防控制室内的电气和电子设备的金属外壳、机柜、机架和金属管、槽等，应采用等电位连接。
4. 由消防控制室接地板引至各消防电子设备的专用接地线应选用铜芯绝缘导线，其线芯截面面积不应小于 $4mm^2$。
5. 消防控制室接地板与建筑接地体之间，应采用线芯截面面积不小于 $25mm^2$ 的铜芯绝缘导线连接。

十四、火灾报警系统布线

1. 火灾自动报警系统的传输线路和 50V 以下供电的控制线路，应采用电压等级不低于交流 300V/500V 的铜芯绝缘导线或铜芯电缆。

2. 采用交流 220V/380V 的供电和控制线路，应采用电压等级不低于交流 450V/750V 的铜芯绝缘导线或铜芯电缆。

3. 室内布线，火灾自动报警系统的传输线路应采用金属管、可挠（金属）电气导管、金属封闭式线槽保护，敷设方式为暗敷或明敷。

4. 火灾自动报警系统的供电线路、消防联动控制线路应采用耐火铜芯电线电缆，报警总线、消防应急广播和消防专用电话等传输线路应采用阻燃或阻燃耐火电线电缆。

5. 线路暗敷设时，应采用金属管、可挠（金属）电气导管或 B1 级以上的刚性塑料管保护敷设在不燃烧体的结构层内，且保护层厚度不宜小于 30mm。

6. 线路明敷设时，应采用金属管、可挠（金属）电气导管或金属封闭线槽保护。矿物绝缘类不燃性电缆可直接明敷。

7. 火灾自动报警系统用的电缆竖井，宜与电力、照明用的低压配电线路电缆竖井分别设置。受条件限制必须合用时，应将火灾自动报警系统用的电缆和电力、照明用的低压配电线路电缆分别布置在竖井的两侧。

8. 不同电压等级的线缆不应穿入同一根保护管内，当合用同一线槽时，线槽内应有隔板分隔。

9. 采用穿管水平敷设时，除报警总线外，不同防火分区的线路不应穿入同一根管内。从接线盒、线槽等处引到探测器底座盒、控制设备盒、扬声器箱的线路，均应加金属保护管保护。

十五、高度大于 12m 的空间场所的火灾报警设置

1. 宜同时选择两种及以上火灾参数的火灾探测器。应选择线型光束感烟火灾探测器、管路吸气式感烟火灾探测器或图像型感烟火灾探测器。线型光束感烟火灾探测器应设置在建筑顶部。探测器宜采用分层组网的探测方式。建筑高度不超过 16m 时，宜在 6~7m 增设一层探测器。建筑高度超过 16m 但不超过 26m 时，宜在 6~7m 和 11~12m 处各增设一层探测器。由开窗或通风空调形成的对流层为 7~13m 时，可将增设的一层探测器设置在对流层下面 1m 处。分层设置的探测器保护面积可按常规计算，并宜与下层探测器交错布置。

2. 管路吸气式感烟火灾探测器宜采用水平和垂直结合的布管方式，并应保证至少有 2 个采样孔在 16m 以下，并宜有 2 个采样孔设置在开窗或通风空调对流层下面 1m 处。可在回

风口处设置起辅助报警作用的采样孔。

3. 火灾初期产生少量烟并产生明显火焰的场所，应选择1级灵敏度的点型红外火焰探测器或图像型火焰探测器，并应降低探测器设置高度。

4. 高度大于12m的空间场所最大的火灾隐患就是电气火灾。因此，电气线路应设置电气火灾监控探测器，照明线路上应设置具有探测故障电弧功能的电气火灾监控探测器。

第十二章　电力线路敷设及选型

电线电缆是建筑电气设计中最常用、最基本的选型产品，电线电缆的选用看似简单，但能够正确选用并不容易。现在电线电缆检验试验规范繁多，电缆参数有的来自国外试验标准，有的来自国内试验标准，还有的来自企业标准。国内外各个试验标准参数和试验内容又不统一，甚至阻燃防火分级也不一样。现在国内各个设计规范关于电缆选型的要求也不尽相同。

电线电缆型号规格多，用途、使用环境、敷设方法等对电缆要求也不一样。导线的载流量不仅与导线截面面积有关，也与导线的材料、敷设方法以及环境温度等有关，影响载流的因素较多。因此，如何正确选用电线电缆，首先要了解一下相关标准和规范对电缆的定义。

一、常用电线电缆技术参数

1. 阻燃电缆分类。
1) 按阻燃类别分为三类：A类、B类、C类，阻燃特性A类>B类>C类。
2) 按阻燃级别分为四级：Ⅰ级、Ⅱ级、Ⅲ级、Ⅳ级，阻燃特性Ⅰ级>Ⅱ级>Ⅲ级>Ⅳ级。
3) 一般阻燃性能将阻燃类别与阻燃级别一起组合标注。
一级A类：ⅠA；二级A类：ⅡA；三级A类：ⅢA；四级A类：ⅣA。
一级B类：ⅠB；二级B类：ⅡB；三级B类：ⅢB；四级B类：ⅣB。
一级C类：ⅠC；二级C类：ⅡC；三级C类：ⅢC；四级C类：ⅣC。
2. 耐火电缆分类。
1) A类：火焰温度950~1000℃，燃烧时间3h。
2) B类：火焰温度750~800℃，燃烧时间3h。
3. 燃烧滴落物/微粒等级及判定见表12-1。

表12-1　燃烧滴落物/微粒等级及判定

等级	分级判据
d_0	1200s内无燃烧滴落物/微粒
d_1	1200s内无燃烧滴落物/微粒，持续时间不超过10s
d_2	未达到d_1

4. 烟气毒性等级及分级判断见表 12-2。

表 12-2　烟气毒性等级及分级判断

等级	分级判据
t_0	达到 ZA_2
t_1	达到 ZA_3
t_2	未达到 t_1

注：材料产烟毒性危险分为 3 级，即安全级（AQ 级）、准安全级（ZA 级）和危险级（WX 级）；准安全级（ZA 级）又分为 ZA_1 级、ZA_2 级和 ZA_3 级。

5. 阻燃系列燃烧特性代号组合见表 12-3。

表 12-3　阻燃系列燃烧特性代号组合

系列名称		代号	名称
阻燃系列	含卤	ZA	阻燃 A 类
		ZB	阻燃 B 类
		ZC	阻燃 C 类
	无卤低烟	WDZ	无卤低烟单根阻燃
		WDZA	无卤低烟阻燃 A 类
		WDZB	无卤低烟阻燃 B 类
		WDZC	无卤低烟阻燃 C 类

注：根据电线电缆使用场合原则使用，包括空间较小或相对密闭的人员密集场所等。

6. 耐火系列燃烧特性代号组合见表 12-4。

表 12-4　耐火系列燃烧特性代号组合

系列名称		代号	名称
耐火系列	含卤	N	耐火
		ZAN	阻燃 A 类耐火
		ZBN	阻燃 B 类耐火
		ZCN	阻燃 C 类耐火
	无卤低烟	WDZN	无卤低烟单根阻燃耐火
		WDZAN	无卤低烟阻燃 A 类耐火
		WDZBN	无卤低烟阻燃 B 类耐火
		WDZCN	无卤低烟阻燃 C 类耐火

注：根据电线电缆使用场合原则使用，包括空间较小或相对密闭的人员密集场所等。

7. 常用电线电缆标注。阻燃和耐火电线电缆的型号应按国家标准标注，常见有的图样阻燃和耐火电线电缆的型号采用 ZR 或 NH 表示，按国家标准《阻燃和耐火电线电缆或光缆通则》的规定，上述标注方法是不符合要求的，电线电缆标注一般应包括燃烧性能代号、阻燃级别及类别、燃烧滴落物和烟气毒性等级、电线电缆型号、电线电缆电压等级、电线电缆导体线芯数及规格等。电线电缆标注要求如图 12-1 所示。

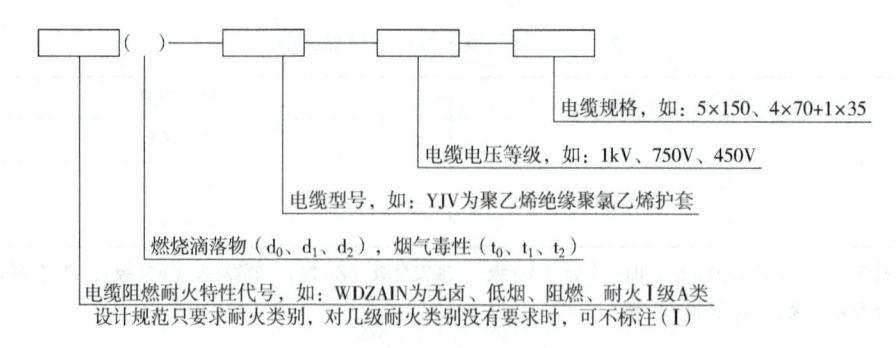

```
┌─(  )─┐ ┌──┐ ┌──┐ ┌──┐ ┌──┐
                              └── 电缆规格，如：5×150、4×70+1×35
                         └────── 电缆电压等级，如：1kV、750V、450V
                    └─────────── 电缆型号，如：YJV 为聚乙烯绝缘聚氯乙烯护套
         └────────────────────── 燃烧滴落物（$d_0$、$d_1$、$d_2$），烟气毒性（$t_0$、$t_1$、$t_2$）
└───────────────────────────── 电缆阻燃耐火特性代号，如：WDZAIN 为无卤、低烟、阻燃、耐火Ⅰ级A类
                                 设计规范只要求耐火类别，对几级耐火类别没有要求时，可不标注（Ⅰ）
```

图 12-1　电线电缆标注要求

例如：WDZIA（d_0、t_1）-YJV 为无卤低烟、阻燃级别为Ⅰ级 A 类、燃烧滴落物等级为 d_0 级、烟气毒性等级为 t_1 级的聚乙烯绝缘聚氯乙烯护套电缆；WDNIIBN（d_1、t_2）-YJY 为无卤低烟、耐火阻燃级别为Ⅱ级 B 类、燃烧滴落物等级为 d_1 级、烟气毒性等级为 t_2 级的聚乙烯绝缘聚乙烯护套电缆。

二、常用电线电缆规格型号标注及用途

1. 常用电缆型号。

1）交流额定电压 450V/750V 及以下供配电输电线路。

①VV——铜芯聚氯乙烯绝缘聚氯乙烯护套电力电缆。

②VLV——铝芯聚氯乙烯绝缘聚氯乙烯护套电力电缆。

③YJV——铜芯交联聚乙烯绝缘聚氯乙烯护套电力电缆。

④VJLV——铝芯交联聚氯乙烯绝缘聚氯乙烯护套电力电缆。

⑤YJY——铜芯交联聚乙烯绝缘聚乙烯护套电力电缆。

⑥YJLY——铝芯交联聚乙烯绝缘聚乙烯护套电力电缆。

⑦YJY22——铜芯交联聚乙烯绝缘钢带铠装聚乙烯护套电力电缆。

⑧YJLY22——铝芯交联聚乙烯绝缘钢带铠装聚乙烯护套电力电缆。

2）交流额定电压 450V/750V 及以下工业控制线路。

①KVV——铜芯聚氯乙烯绝缘聚氯乙烯护套控制电缆。

②KVV22——铜芯聚氯乙烯绝缘钢带铠装聚氯乙烯护套控制电缆。

③KVVP2——铜芯聚氯乙烯绝缘聚氯乙烯护套铜带屏蔽控制电缆。

④KVVP——铜芯聚氯乙烯绝缘聚氯乙烯护套编织屏蔽控制电缆。

3）电线电缆型号英文字母含义。电线电缆主要由导电线芯、绝缘层、护套层三个基本的结构元件组成。

①V——聚氯乙烯绝缘或聚氯乙烯护套。

②Y——聚乙烯绝缘或聚乙烯护套。

③K——控制电缆。

④P——编织屏蔽，它是金属材料丝编织而成，增加拉伸强度和抗电磁干扰。

⑤L——铝芯导体，铜芯导体电缆不标注。

⑥YJ——交联聚乙烯绝缘或交联聚乙烯护套，交联聚乙烯电缆在耐温性能、热机械性能、耐化学腐蚀性能、载流量等方面都优于非交联电缆。

⑦YJV22、YJV32电缆型号后缀数字含义："22"表示钢带铠装、"32"表示细钢丝铠装；电缆的铠装层通常有两种，钢带铠装和钢丝铠装。钢带铠装电缆弯曲半径较大，适合直埋或户外电缆沟敷设，钢丝铠装电缆弯曲半径小，比较柔软，适合机械强度要求高的场所，钢丝铠装电缆比钢带铠装电缆价格高。

例如YJV22是交联聚乙烯绝缘钢带铠装聚氯乙烯护套。YJV32是交联聚乙烯绝缘钢丝铠装聚氯乙烯护套。

2. 3芯、4芯、5芯的区别。

1) 3芯主要用于单相负荷（包括相线、中性线、PE线）。

2) 4芯主要用于动力用电（电动机三相线和PE线）和TN-C系统（三相线和PEN线）。

3) 5芯主要用于TN-S系统（三相线、中性线和PE线）。

4) 三相基本平衡（一般三相电动机负荷占比很大）电缆导体线芯可以采用3+2组合，三相不平衡（一般照明负荷占比很大）电缆导体线芯可以采用4+1组合。

3. 各种电缆用途及选型。建筑内部常用电缆主要是阻燃电缆和耐火电缆，它们的标准试验方法存在很大差异。阻燃电缆的评价主要通过单根燃烧试验测试和成束燃烧试验测试。耐火电缆的性能要求则是在火灾情况下保证电路供电安全。

阻燃电缆能够有效阻止火势的蔓延，尤其适合非消防设备供电线路。在发生火灾的情况下，阻燃电缆有可能被烧坏，不能够运行，但是它能够有效地阻止火势的蔓延。

耐火电缆，从字面上就能看出它能够在高温环境之下继续运行一段时间。在发生火灾的情况下，耐火电缆可以保证消防设备在着火情况下能够维持一定时间的工作。

电缆选型时可根据上述技术参数进行，常用的电缆有：VV、YJV、YJY，这三种电缆一般用于建筑内部沿桥架敷设；VV22、YJV22、YJY22和VV32、YJV32、YJY32这六种电缆一般用于电缆沟或电缆隧道内；阻燃及耐火性能、导体材质、截面面积和线芯根据需要选择。

聚乙烯（Y）电缆的最高使用工作温度不超过90℃；聚氯乙烯（V）电缆的最高使用工作温度则不超过70℃；聚氯乙烯（V）电缆适用于固定敷设，聚乙烯（Y）电缆因其优异的电气性能和耐化学腐蚀性能，广泛应用于城市电网、矿山和工厂。

交联电缆（YJY）比普通电缆（VV）耐温（耐高温和耐低温）性能好、承受机械性能强、同截面面积导体载流量大、燃烧烟气少。VV一般用在要求不高、环境较好的场所，

YJV、YJY 一般用在要求高、相对环境差的场所。

电缆应根据负荷性质、接地形式、耐受电压、阻燃或耐火等级、环境、温度、敷设方式及电流大小等要求进行选型。

三、影响导体载流量的主要因素

1. 电缆载流量。电缆载流量是指一条电缆线路在输送电能时所通过的电流量。在热稳定和动稳定条件下，当电缆导体达到长期允许工作温度时的电缆载流量称为电缆长期允许载流量。

2. 热稳定。电流通过导体时，导体要产生热量，并且该热量与电流的二次方成正比，当有短路电流通过导体时，将产生巨大的热量，由于短路时间很短，热量来不及向周围介质散发，衡量电路及元件在这很短的时间里，能否承受短路时巨大热量的能力，称为热稳定。

3. 动稳定。短路电流、短路冲击电流通过导体时，相邻载流导体间将产生巨大的电动力，衡量电路及元件能否承受短路时最大电动力的这种能力，称为动稳定。

4. 电线电缆截面面积选择原则。选择电线电缆截面面积应考虑电压等级、供电半径、电压损失、机械强度、经济电流密度等几个方面。

1）低压动力线路因其负荷电流较大，故一般先按发热条件选择截面面积，然后验算其电压损失和机械强度。

2）低压照明线路因其对电压水平要求较高，可先按允许电压损失条件选择截面面积，再验算发热条件和机械强度。

3）高压电缆线路，应先按经济电流密度选择截面面积，然后验算其发热条件和允许电压损失。

4）电线电缆选择应从用途、敷设条件及安全性等几个方面考虑。

用途：电力电缆、控制电缆、屏蔽电缆等。

敷设条件：埋地、电缆沟、桥架、架空等。

安全性：不延燃、阻燃、无卤低烟、耐火等。

四、电缆桥架、线槽及电线管的选用

电缆桥架和线槽在电气设计中是最常用的产品之一，但大多数设计中只标注了桥架和线槽的尺寸规格，对桥架和线槽的材料、形式及涂料都没有明确说明，任凭安装施工方选择，这样可能造成安装的产品不是设计人员想要的产品。

1. 桥架按材料分为金属、玻璃钢及 PVC 等。根据用途、安装场所及安装环境不同，电缆桥架的结构及材质也应有所不同。

2. 电缆沿桥架和线槽敷设时，电缆外径截面面积总和不宜超过桥架和线槽截面面积的 40%，以保证散热和后期维修方便。

3. 几种不同桥架和线槽的优缺点及用途：

1）金属电缆桥架按结构可分为梯式、托盘式、槽式、网格等。金属材料有冷轧钢板、不锈钢及铝合金等。金属桥架表面有静电喷塑、镀锌、喷漆等多种处理措施，有防火要求的还需刷防火涂料。

2）玻璃钢桥架耐潮湿耐腐蚀，一般用在比较潮湿或有酸碱腐蚀的场所，如地沟、化工厂有腐蚀的车间等。

3）PVC 线槽（图 12-2）的尺寸规格一般都较小，多用于弱电线路、照明配电支线的明敷安装，外观相对美观，安装方便，配套有各种弯头、接头和三通。

图 12-2　PVC 线槽

4）梯式电缆桥架（图 12-3）一般适用于室内外电缆架空敷设或电缆沟、隧道、建筑内电缆竖井，采用梯式电缆桥架敷设的一般为截面面积比较大的主干电力电缆线路，尤其是在建筑竖井内竖向敷设的大截面面积电缆，也便于固定。

图 12-3　梯式电缆桥架

5) 托盘式电缆桥架（图 12-4）适用于没有防火及防尘要求、截面面积较小的电缆或电线敷设。在建筑竖井内敷设的小规格电缆或电线，也宜采用托盘式桥架，尤其是垂直敷设的电缆或电线，沿托盘式桥架敷设便于线缆固定，可不加盖板，为了美观也可以加盖板。

图 12-4 托盘式电缆桥架

6) 槽式电缆桥架（图 12-5）一般配有盖板，可组成全封闭型桥架，可防尘、防火、防污染及防机械损伤，对弱电线路的电线电缆有屏蔽和抗干扰作用，有防火需求时刷防火涂料。槽式桥架对竖向敷设的线缆不便固定。

图 12-5 槽式电缆桥架

7) 网格式电缆桥架（图 12-6）经济、重量轻、散热好、不防尘。适合弱电线路及小规格配电线缆的敷设。

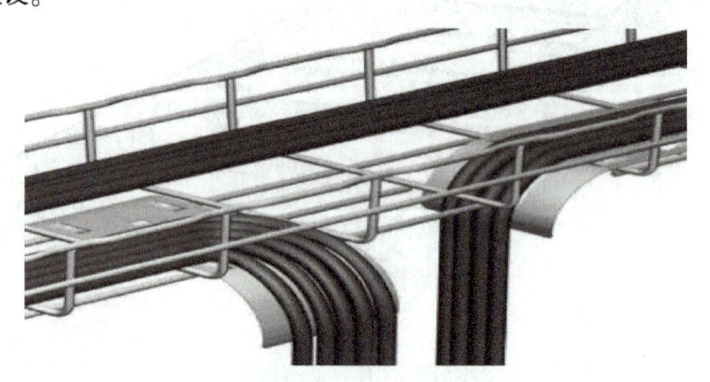

图 12-6 网格式电缆桥架

4. 电线载流量及穿管管径见表12-5。

表 12-5　电线载流量及穿管管径

序号	规格 BV/mm²	载流量/A	电线根数							
			2	3	4	5	6	7	8	9	10
1	1.0	9	G15								
2	1.5	14	G20					G20			
3	2.5	19	G20				G25				
4	4	24	G20				G25				
5	6	32	G20			G25			G32		
6	10	44	G20	G25		G32					
7	16	57	G25		G32			G40		G50	
8	25	74	G32		G40		G50				
9	35	91	G32		G50				G70		
10	50	113	G40		G50			G70		G80	
11	70	144	G50			G70			G80		
12	95	174	G50		G70		G80			G100	
13	120	200	G70			G80			G100		
14	150	231	G70		G80			G100			
15	185	261	G70				G100				

注：载流量和穿管管径参阅了相关资料，数据会有误差，但在安全使用范围之内。

5. 电缆载流量及穿管管径见表12-6。

表 12-6　电缆载流量及穿管管径

序号	规格/mm²	VV、VV22 −0.6/1kV		YJY、YJY22 −0.6/1kV		WDZN-YJY		钢管
		外径 4+1/mm	载流量/A 空气中30℃	外径 4+1/mm	载流量/A 空气中30℃	外径 4+1/mm	载流量/A 空气中30℃	
1	2.5	14.2	25	13.5	32	19.5	32	G32
2	4	16.2	34	14.8	42	22.2	42	G32
3	6	17.8	43	16.1	54	27.8	54	G40
4	10	21.0	60	19.6	75	32.6	76	G40
5	16	24.0	80	22.4	100	36.6	102	G50
6	25	28.6	101	27.2	127	43.2	130	G50
7	35	31.9	126	30.5	158	45.7	163	G70
8	50	32.3	153	35.0	192	47.2	201	G70
9	70	36.5	196	40.8	246	49.7	256	G80
10	95	41.9	238	46.4	298	55.8	316	G80

（续）

序号	规格/mm²	VV、VV22 −0.6/1kV		YJY、YJY22 −0.6/1kV		WDZN-YJY		钢管
		外径 4+1/mm	载流量/A 空气中 30℃	外径 4+1/mm	载流量/A 空气中 30℃	外径 4+1/mm	载流量/A 空气中 30℃	
11	120	45.5	276	51.7	346	59.4	370	G100
12	150	50.5	319	57.4	399	65.4	425	G100
13	185	55.8	264	64.1	456	71.4	490	G150
14	240	62.0	430	72.3	538	78.9	588	G150
15	300	67.0	497	80.0	621			

注：1. 载流量、电缆外径和穿管管径参阅了相关资料，数据会有误差，但在安全使用范围之内。表中电缆芯数仅列出了 4+1，5 芯、3+2 和 3+1 可参考适当调整。

2. 埋地敷设时，截面面积 35mm² 以上电缆的载流量下降 10%~20%，截面面积越大，载流量下降越大。

3. VV 及 YJY 电缆穿管管径可参照同截面积、同芯数的 WDZN 电缆穿管管径。

第十三章　电气主要元器件的功能及选型

一、隔离和保护功能电器

1. 由建筑物外引入的低压电源线路，在总配电箱（柜）的受电端应装设隔离和保护功能的电器。

2. 由变电所专线引来的专用回路，在受电端可装设不带保护功能的隔离电器。

3. 对于树干式供电系统的配电回路，各分支受电端均应装设带隔离和保护功能的电器。如果分支线长度大于3m，应将隔离和保护功能电器设置在分支处，如果分支线路长度小于3m，隔离和保护功能电器可设在分支配电箱受电端。

上述情况明确提出都需要装设隔离功能电器，其目的就是维修时方便断开电源，保证维修人员安全，保护功能主要是指短路保护。

隔离和保护功能电器，可以是一个电器，也可以是两个电器。由建筑物外引入的低压电源线路，应在总配电箱（柜）的受电端装设具有隔离和保护功能的电器。因为，由室外引来的线路路径较为复杂，维修困难，一般由室外引来线路的单体建筑与变电所不在一个建筑内，单体建筑相对较为独立，因此需要有自己的保护和维修断电手段，隔离功能在这里主要起到维修断开电源的作用，被维修的电器当然也包括进线的保护电器。保护电器的保护功能首先应考虑短路保护，因为电路短路，可能造成进线线路绝缘破坏，产生次生灾害，短路保护一般选用断路器或熔断器。

断路器作为短路保护电器，其额定极限短路分断三相短路电流后，最多还可再正常运行并再分断这一短路电流一次，因此断路器一旦分断两次额定极限短路三相短路电流后，该断路器就不能再使用了，就需要更换。如果选用熔断器，电气系统短路，熔断器的熔芯就需要更换。要更换断路器或熔断器熔芯，就必须切断电源，隔离功能电器就发挥了作用，不需要到变电所去切断电源。

带隔离和保护功能的电器主要有熔断器式隔离开关、框架断路器、插拔式塑壳断路器等。熔断器式隔离开关完全可以起到隔离和保护作用，需要更换熔断器的熔芯时，只需要操作熔断器式隔离开关就可以断电更换。框架断路器维修或更换时，只需抽出框架断路器的主体即可。插拔式塑壳断路器故障时也只需要拔出断路器即可维修或更换。上述几种组合隔离和保护功能电器完全符合规范要求，现在有的塑壳断路器（包括微型断路器）产品说明中表示带隔离功能，该隔离功能不能满足保护功能更换或维修，因此不建议在电源进线处仅采用带隔离功能的断路器作为进线开关，建议断路器电源端增设隔离开关。

二、断路器和隔离电器

下面就断路器和隔离电器的特点及选用进行简要说明：

1. 低压断路器。

断路器：能够接通、承载和分断正常条件下的电流，也能在规定的非正常条件下接通、承载一定时间和分断电流的一种机械开关电器。断路器结构形式和类型并不是单一的。

1）低压断路器结构：一般由触头系统、灭弧系统、操作机构、脱扣器、外壳等构成，按极数可分为单极、二极、三极和四极等；按安装方式可分为插入式、固定式和抽屉式等。

2）低压断路器类型：A类断路器有过载长延时、短路瞬动两段保护，其运行分断能力（I_{cs}）可以是极限分断能力的25%、50%、75%和100%。B类断路器有过载长延时、短路短延时、短路瞬动三段保护，其运行分断能力（I_{cs}）可以是极限分断能力的50%、75%和100%。

3）低压断路器的主要技术参数：额定电压、额定电流（即最大整定电流）、分断能力（也称为最大短路分断电流）、整定值（一般是指过负荷上限切断电流值）、过负荷电流整定时间、短路时限（一般为瞬时动作时限）。

4）低压断路器短路分断能力：断路器的短路分断能力分为额定极限短路分断能力和额定运行短路分断能力两种。额定极限短路分断能力在分断断路器出线端最大三相短路电流后，还可再正常运行并再分断这一短路电流一次。

5）低压断路器应用：一般来说，具有过载长延时、短路短延时和短路瞬动三段保护功能的断路器，能实现选择性保护，可用于变压器出线、主要配电干线等。仅有过载长延时和短路瞬动两段保护的断路器只能使用于支路。

2. 隔离开关。

1）隔离功能：当隔离电器不具有单独的指示器作为触头的指示时，则全部主触头在断开位置下应清晰可见。操作杆（或显示的位置）与触点应牢固固定（例如焊接）。

2）隔离器：只能断开和接通电路，不能带负荷操作，是在断开状态下符合规定隔离功能要求的一种机械开关电器。

3）开关：一种机械开关电器，能够接通、承载和分断正常条件下的电流（开关额定电流），不能切断短路电流，在断开情况下不符合隔离功能要求。

4）隔离开关：一种机械开关电器，能够接通、承载和分断正常条件下的电流（额定电流），在断开情况下符合隔离功能要求。

3. 开关、隔离器、隔离开关及熔断器组合电器定义符号见表 13-1。

表 13-1　开关、隔离器、隔离开关及熔断组合电器定义符号

名称	开关	隔离器	隔离开关
功能 符号	可接通和分断电流	隔离仅在无负荷时动作	接通和分断电流并隔离
名称	熔断器式开关	熔断器式隔离器组件	熔断器式隔离开关
符号			

三、电度表的选用

1. 电度表型号：用字母和数字的排列来表示，类别代号+组别代号+用途代号+派生号。

第一位，类别代号：D—电度表。

第二位，组别代号：D—单相；S—三相三线；T—三相四线。

第三位，用途代号：D—多功能；S—电子式；X—无功；Y—预付费；F—复费率。

2. 电度表规格：2 倍表、4 倍表、6 倍表，如 3(6)A 表示 2 倍表、5(20)A 表示 4 倍表、10(40)A 表示 4 倍表、10(60)A 表示 6 倍表。例如，5(20)A 括号前的数字"5"为基本电流值，也称为标定电流，括号内的数字"20"为额定电流（也是电度表允许通过的最大电流）。国家标准规定，电度表正常启动电流不得小于基本电流的 5%，电流小于它电度表计量就不准确了，电流大于额定电流可能造成电度表损坏。

3. 常用电度表规格：小电流直通表（不经过互感器）有 1.5(6)A、2.5(10)A、5(20)A、5(30)A、10(40)A、10(60)A、15(60)A、20(80)A；通过二次为 5A 电流互感器连接的电度表一般选 3×1.5(6)A 的 4 倍表或 3(6)A 的 2 倍表。

4. 准确度等级：常用有功电度表有 0.5 级、1.0 级、2.0 级三个准确度等级。0.5 级电度表允许误差在±0.5%以内；1.0 级电度表允许误差在±1%以内；2.0 级电度表允许误差在±2%以内。准确度等级为 0.2S 级、0.5S 级的电度表，其中 S 代表特殊用途电度表（或电流互感器）的精度标准，在通过 1%~120%额定电流时是能准确测量的，也就是说通过的电流在 1%~5%额定电流之间都能准确测量。而 2.0 级电度表在通过 5%额定电流以下就不能准确测量了。

四、双电源自动转换开关的选用

1. 双电源自动转换开关的基本概念。

1) 双电源自动转换开关（Automatic Transfer Switching Equipment，ATSE）在国家标准中的全称为自动转换开关电器。

2) ATSE 也称 ATS，ATS 产品的国家标准定义为由一个（或几个）转换开关电器和其他必需的电器组成，用于检测电源电路，并将一个或多个负载电路从一个电源自动转换到另一个电源的电器。

3) 双电源自动转换开关的类别（分为 PC 级和 CB 级）及区别。

①PC 级双电源自动转换开关一般是电磁驱动，切换迅速（120~250ms）。PC 级分两种：一种是一体机，就是转换开关与驱动和控制单元集成在一起，无二次接线，安装方便；另一种是转换开关本体与控制器是分开的，这种一般是本体装在箱内，控制器装在盘面，然后用线缆将本体与控制器连接起来，维修和安装较一体机烦琐。PC 级双电源转换开关能够接通、承载，但不用于分断短路电流的双电源，PC 级双电源自动转换开关与 CB 级双电源转换开关的区别在于摆脱了原有 CB 级产品笨重且切换速度较慢的缺点，属于整体结构式双电源转换开关。PC 级双电源转换开关是未来双电源工程应用的主流。

②CB 级双电源自动转换开关由两个断路器（或两个负荷开关）、控制器和带有机械联锁的电动传动机构来实现两路电源的自动转换，切换时间长（1000~2500ms）。CB 级双电源自动转换开关配备过电流脱扣器，它的主触头能够接通并用于分断短路电流。

2. 双电源自动转换开关基本功能要求。双电源自动转换开关是为了保证重要用电场所的供电可持续性而设置的，当主电源断电、过电压、欠电压、断相时，双电源自动转换开关能够把负载电路自动转换至备用电源。主电源重新来电时，双电源自动转换开关经过检测，待主电源稳定后，再将负载切换至主电源（主电源断电，双电源自动转换开关也能自动启动发电机组）。

3. 双电源自动转换开关能够接通与分断的电流值。对于纯阻性负载来说，接通和分断的电流就是额定电流。但实际使用中很少有单纯的阻性负载，大多数是感性、容性、阻性的混合负载。例如电动机负载就是感性负载，绝大多数双电源自动转换开关都是"先断后合"转换，也就是在转换过程中，对于电动机负载来说实际是再加电、再启动的过程。此处的双电源自动转换开关要有足够的接通和分断能力来满足启动瞬间的冲击电流。

4. 相关规范关于双电源自动转换开关的选用。

1) 下列配电系统应选用四极双电源自动转换开关。

①TN-C-S、TN-S 系统中的电源转换开关。

②正常电源与发电机备用电源之间的转换开关。

③TT 系统的电源进线转换开关。

④IT 系统的电源进线转换开关。

2）选用双电源自动转换开关对额定电流和保护功能的要求。

①当采用 PC 级双电源自动转换开关时，其额定电流不应小于计算电流的 125%。

②当采用 CB 级双电源自动转换开关为消防电源供电时，消防负荷要求过负荷只能报警不能切断。因此，CB 级双电源自动转换开关只能采用仅有短路保护的断路器组成的双电源自动转换开关（注：目前微型断路器还没有仅有短路保护功能的产品），采用的 CB 级双电源自动转换开关且应与选择上下级短路整定值相配合。

③双电源自动转换开关宜具有检修隔离功能（即零位），如双电源自动转换开关本体没有检修隔离功能，设计时应采取隔离措施，应在双电源自动转换开关进线端加隔离开关。

④双电源自动转换开关为大容量电动机负荷供电时，应适当调整转换时间，在先断后合的转换过程中保证安全可靠切换。由于电动机负荷具有高感抗，分合闸时电弧很大，特别是由备用电源自复到正常电源时，如果转换过程没有延时（至少 50～100ms），则有弧光短路的危险（因此，不是转换时间越短越好，尤其是对大功率电动机负荷）。

5. 双电源自动转换开关的应用和要求。

1）双电源自动转换开关是消防及一级、二级负荷双电源转换的重要环节，可保证重要用电场所的供电可持续性，当主电源断电、过电压、欠电压、断相时，双电源自动转换开关能够把负载电路自动转换至备用电源。主电源重新通电，双电源自动转换开关把负载自复至主电源。有的双电源自动转换开关带有启动备用发电机的辅助触点，备用电源如果是发电机时，可选带发电机启动辅助触点功能的双电源自动转换开关。

2）被转换的电源可能是两路市电，也可能是一路市电和一路自备发电机电源，两种转换对控制器的控制要求也不一样。一般两路市电是自投不自复，减少转换次数；一路市电一路发电机电源要求自投自复。

3）重要负荷供电宜采用放射式供电，当采用放射式供电时双电源自动转换开关可不设短路保护（上一级短路保护能够满足该处的短路保护时可不设短路保护），当采用树干式供电时，双电源自动转换开关进线端宜设短路保护。

4）应急电源供电转换时间要求。

①备用照明不应大于 5s。

②金融商业交易场所不应大于 1.5s。

③疏散照明不应大于 5s。

6. 双电源自动转换开关设计选型。

①双电源自动转换开关宜选用三位 PC 级，满足检修隔离功能（零位）。

②满足电动机负荷没有中间转换位可能造成高电抗产生的电弧危害，满足所有应急照明

的切换时间。CB级双电源自动转换开关切换时间长，还没有中间零位，对于感性负载应慎用。

③正常电源和备用电源电压上下限值可以调整，当电源电压高于或低于要求时，双电源自动转换开关动作，而不是电源没电才动作。

④运行方式可以调整（自投自复、自投不自复、互为备用等）。

⑤双电源自动转换开关应具有主备电源相序检测功能，防止相序接反导致事故发生。

⑥当采用放射式供电时，双电源自动转换开关可不设短路保护。

⑦当采用树干式供电时，双电源自动转换开关进线端宜设短路保护。

第十四章　户外景观照明供电安全

景观照明主要是指户外照明设施，也包括水池和喷泉的水下灯。无论采用哪种供电形式，都应以安全、节约、施工方便为宗旨。景观照明供电安全主要是防止剩余电流造成人员及财产的危害，接地和剩余电流保护是电气安全的重要措施。

1. 接地电阻分类。

1）变电所的接地电阻≤4Ω。

2）低压线路重复接地电阻≤10Ω。

3）共用接地电阻≤1Ω。

4）TT 系统接地电阻≤4Ω。

5）TN 系统接地电阻≤10Ω。

2. 水池、喷泉的安全区域划分。

1）0 区——有水的区域。

2）1 区——0 区以外 2m 以内的区域。

3）2 区——1 区以外 1.5m 以内的区域。

4）喷水区域按垂直面考虑计算距离，水池、喷泉的安全区域划分如图 14-1 所示。

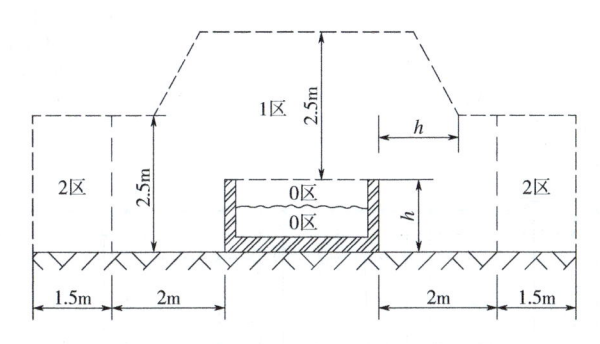

图 14-1　水池、喷泉的安全区域划分

3. 水池、喷泉水下灯供配电设计时应考虑以下两点：

1）安全电源：隔离变压器供电、设带有剩余电流保护装置的电源、24V 及以下电源。0 区≤12V（且安全电源及开关应设在 2 区以外）。

2）灯具及电器保护等级：0 区至少为 IP87；1 区至少为 IP76；2 区至少为 IP55；在 0 区、1 区及 2 区不得有接线盒和插座，不得敷设其他电气线路。

4. 景观照明的供电接地形式：按照相关规范要求，安装于室内的景观照明应与该建筑配电系统的接地形式一致。安装于室外的景观照明距建筑外墙 20m 以内的设施，也应与室内系统的接地形式一致，景观照明距建筑外墙大于 20m 的宜采用 TT 接地形式。

5. 景观照明采用 TT 系统时，优点是发生接地故障时可以减少故障电压的蔓延；缺点是接地故障电流小，熔断器或断路器的瞬时过电流脱扣器不能兼做间接接触防护，必须采用剩余电流保护器才能满足切断电源的时间要求。

6. 景观照明采用 TN-S 系统时，优点是当系统正常运行时，保护导体上没有电流，电气设备金属外壳对地没有电压，而发生接地故障时其故障电流较 TT 系统大，在一定条件下熔断器或断路器的瞬时过电流脱扣器可能动作。其缺点是系统内任一处发生接地故障时，故障电压可沿 PE 线传导至他处而可能引起危害。

7. 目前，在路灯配电设计时，基本都采用 TT 系统与 TN-C-S 系统相结合的方式，即每个灯都有独立的接地，同时通过电缆的 PE 线将该供电回路的所有接地连接在一起。

8. 景观照明灯的接地系统设计：景观照明灯具安装较密，灯具数量多，采用 TT 系统每个灯独立设置接地极既不节约，也不现实，所以景观照明灯设计时供电回路首末端的灯具设置接地极，中间线路不超过 30m 增加接地极，供电电缆宜采用等截面五芯电缆，把在 TN-C-S 系统中用作 PE 线的芯线作为接地连接母线，把同一配电回路的多个灯具的 PE 端子及接地极经接地连接母线（PE 线）连在一起。由此可以看出：在景观照明供配电设计时，TT 系统与 TN-C-S 系统的最大区别在于接地线是否与电源进线的重复接地连接，其次是接地电阻的不同，如图 14-2 所示。

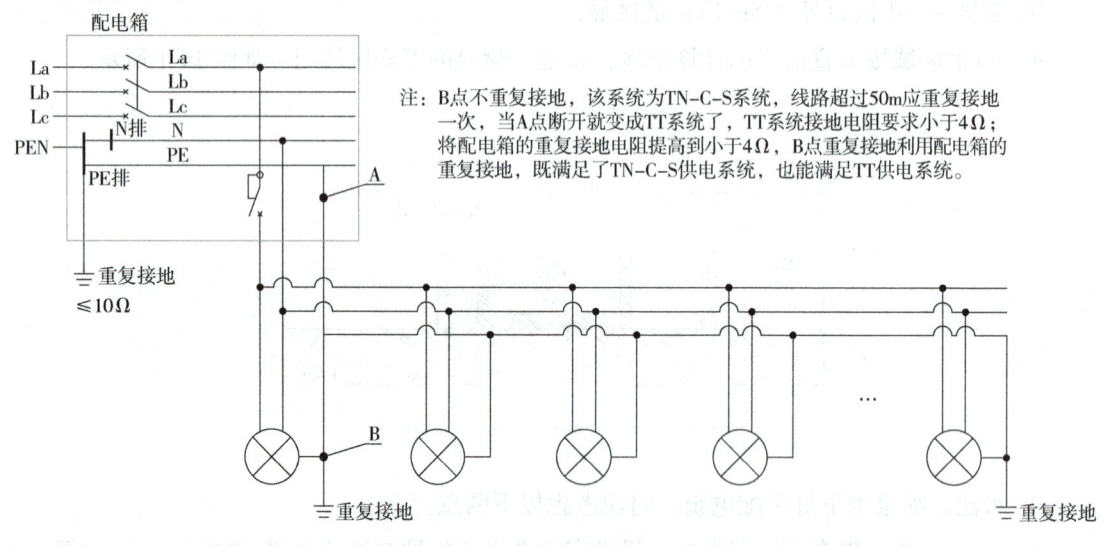

图 14-2 户外景观照明灯接线示意图

9. 而景观照明基本距建筑物的距离都大于 20m，目前大部分景观照明配电设计的接地系统采用 TN-C-S 系统，采用 TN-C-S 系统是否合适？

1）户外景观照明一般距变电所（或箱式变压器）都较远，配电设计多采用 TN-C 系统

（四线）引来，PEN 线在配电箱处进行重复接地，供电系统就变成了 TN-C-S 系统。如果采用 TN-C-S 系统，采用 PE 线作为灯具或电源分支箱的接地，一旦 PE 线断开，灯具漏电就无法得到保护，可能造成人身伤害，建议 PE 线在末端做重复接地。

2）图 14-2 中 B 点不重复接地，该系统为 TN-C-S 系统。当 A 点断开就变成 TT 系统了，TT 系统接地电阻要求小于 4Ω，将配电箱的重复接地电阻由小于 10Ω 提高到小于 4Ω，B 点接地就可以利用配电箱的重复接地极了，这时的接地电阻，既满足了 TN-C-S 系统，也能满足 TT 供电系统。建议线路不超过 30m PE 线做一次重复接地。

3）景观照明配电设计时可采用 TN-C-S 系统，但对 PE 线要做好重复接地，即供电回路的 PE 线首端和末端必须接地，中间每隔不超过 30m PE 线应重复接地一次，以保证接地连接母线（原来的 PE 线）可靠接地。首末端重复接地的好处是任何一处的接地连接母线（PE 线）故障断开还能保证每个灯具的良好接地。这样既保证了接地系统的可靠性也不再纠结配电选用什么接地形式的供电系统。

4）无论采用 TN-C-S 系统还是采用 TT 系统，对于路灯来说，每个路灯的分支处都应设 30mA 的剩余电流动作断路器，对于景观照明配电回路来说，在配电回路前端应设剩余电流动作断路器。

5）当灯具发生漏电时，灯具的可靠接地能够避免人身伤害，同时，剩余电流动作断路器动作，迅速切断电源，保护了人身安全。所以，良好的接地和剩余电流保护是景观照明必不可少的安全措施，不要为采用哪种接地形式而纠结。

第十五章 室内照明节能措施

照明节能不仅仅是采用节能光源，照明控制才是最重要的节能手段，合理的照明控制在满足照明需求的同时，怎样能够节能才是需要认真研究的问题。

随着人们生活水平的不断提高，追求高品质的生活环境已成了大众需求，室内装修就是提高生活环境品质的手段之一，室内照明又是室内装修的基本要素。室内照明在满足装修效果及人们舒适需求的同时，节约电能也是很重要的一个环节。室内照明用电量基本占建筑用电的30%左右。目前，室内照明及控制基本都是由装修设计单位完成的，装修设计单位是以装修设计专业为主，装修照明的灯具布置和选型也是由装修设计人员来完成，他们可能会过多地注重照明效果，一般场所都有不同的照明情景模式，不同的照明情景是需要照明配电和控制来完成的。装修照明配电与控制设计看起来很简单，灯具通上电就能亮，其实照明的目的除了功能照明外，舒适照明和节能也很重要，因此，照明配电和控制设计在室内照明设计中尤为重要。

一、在设计室内照明的供电和控制时，应按功能照明、舒适照明、美观照明和值班照明等分类考虑

1. 功能照明是保证人员正常工作和正常生活的基本照明。
2. 舒适照明是符合人们心理需求和心情愉悦的环境照明。
3. 美观照明主要是配合装修风格达到设计效果的照明。
4. 值班照明是保证非工作或营运时段的视频监控和正常值班巡更的最低照度的照明。

二、照明控制设计

了解了上述四点，照明控制就应按上述四个用途分回路配电和控制，才能达到真正需要的照明环境和节约用电的目的。照明节能除选择节能光源和节能灯具外，在保证需求的情况下开最少的灯，也是节约电能的重要措施。例如办公室、会议室、多功能厅、餐厅、走廊、公共卫生间照明等，这些场所的照明控制都应按各自的不同时段、不同场景和不同用途采取不同的控制措施进行控制。下面就几个环境的照明控制进行分析：

1. 办公室照明。办公室照明设计应按普通照明和工作照明两部分考虑，既要满足功能照

明也应满足一般照明，还需考虑节能，这些功能的满足都是靠控制来实现的。办公室照明灯具的配电控制应按平行于窗户布线控制，白天窗户采光满足工作照明时就可以关掉靠近窗户的一排灯，照明控制还应按工位设控制开关，没人的工位可以不开灯，这样既节能又方便。

2. 会议室照明。会议室照明一般由装修人员设计，他们首先考虑的是美观，一般不会充分考虑各种会议用途的照明需求，电气设计人员往往也会忽略控制回路按功能需要划分，例如放投影时，要么不关灯，亮度影响投影效果，要么全关，参会人看不清桌面文件文字，也无法记录，所以就要根据会议的不同形式设计控制回路，靠近投影幕布的灯可以设为一个控制回路，放投影时关掉该回路照明灯具，既能保证投影效果，会议桌上方的灯又能满足参会人会议记录的需求。在此也建议，在设有投影仪的会议室桌面照明用的灯具宜采用深照窄光束的灯具，避免炫光影响观看投影，其他氛围灯可按场景类型分路控制。

3. 多功能厅照明。多功能厅照明首先要了解多功能厅都要举办哪几类活动，一般有会议、技术交流（这时需要放投影）、年终总结演出等，除舞台照明外，观众厅照明的设计和控制都应考虑不同活动时的照明需求，演出时，观众厅照明基本全关，演出结束后或开始前基本全开，方便观众入场和退场；会议照明控制与演出开始前或结束后控制基本一致，照明全开；技术交流时，靠近舞台的灯应关掉，避免炫光对投影的影响，但观众厅的照明还应保证记录照明。多功能厅的照明设计应充分考虑和满足各种用途。靠近舞台的灯全开影响投影，全关影响报告人看讲稿，建议照明设计宜设报告人的局部照明，以满足报告人看讲稿和会议录像的需求。

4. 餐厅照明。餐厅照明配电尽量按区块分回路控制，就餐人数较少时可以开局部照明，当就餐人数满员时可以全开。还应考虑清扫和准备阶段的照明，这时可以开三分之一照明，满足准备阶段的照明照度和餐后卫生打扫的照明照度，以达到节能目的。

5. 走廊照明。走廊照明设计主要考虑功能照明，同时还要考虑舒适美观，现在很多建筑的走廊照明往往忽略了照明控制。走廊照明主要应考虑以下时段的用途照明：上下班时间，人流量比较大，走廊灯全开；工作期间，走廊行人比较少，可以开三分之二灯；非上班期间应考虑值班照明和视频监控照明的基本照度，还应考虑清扫照明，这时可以开三分之一灯甚至更少。所以，建议走廊照明控制分三个回路，一个回路控制三分之二灯，另一个回路控制三分之一灯，间隔控制，还有一个回路仅考虑夜间值班及视频监控的照明照度。走廊如果还有其他装饰灯，这些灯可以组成独立回路。按照以上控制方式既能满足不同时段的照明需求又能够有效地节约用电。

6. 公共卫生间照明。现在很多公共卫生间都是长明灯，无人管理，其实卫生间入口处可以设置较小功率的长明灯，方便如厕人员。卫生间照明靠常规设计的面板开关控制既不方便也不卫生，最好是采用红外感应控制，小卫生间控制可以不分回路，大卫生间可根据区域设红外感应开关，这样既方便使用又能节约用电。

7. 住宅卫生间照明。在住宅卫生间的电气设计中，疑惑和不确定因素较普遍，这是因为关于住宅电气设计的各个规范规定略有差异，目前关于住宅电气设计的规范有《住宅建筑电气设计规范》《住宅设计规范》《民用建筑电气设计标准》《住宅建筑规范》等。

1) 住宅卫生间照明设计。《住宅建筑电气设计规范》要求卫生间的照明位置不应安装在0区、1区内或上方（图15-1），单照明功能灯具可以躲开0区、1区内或上方，而浴霸也有照明，实际使用浴霸必须安装在浴盆或淋浴上方，那么浴霸能否安装在浴盆或淋浴上方？如图15-2所示，浴盆区上方高于2.25m已不是1区了，所以浴霸及照明灯具要安装在浴盆或淋浴上方，最低点不应低于2.25m。

2) 住宅卫生间配电设计。《住宅建筑电气设计规范》要求装有淋浴或浴盆的卫生间的照明回路，宜装设剩余电流动作保护器，卫生间照明可与卫生间插座同回路供电，利用插座的剩余电流保护功能。《住宅设计规范》规定套内的空调电源插座、一般电源插座与照明应分路设计。两个规范，一个规范规定插座回路与照明回路应分路设计，另一个规范建议卫生间照明可利用插座的剩余电流保护功能，也就是同回路供电。家用卫生间剩余电流保护比照明更重要，应首先考虑安全，其次考虑使用方便和经济性。

3) 住宅卫生间照明开关设计。灯具、浴霸开关宜设于卫生间门外，卫生间照明开关宜选用夜间有光显示的面板。卫生间照明开关放到卫生间门外侧，这个要求所有设计师基本都能做到，对"宜选用夜间有光显示的面板"这条在施工图设计的设备表中没有强调的不在少数，所以设计时应注明。

4) 住宅卫生间插座设计。电热水器的电源插座宜选用带开关的电源插座，排风扇及其他电源插座宜安装在3区，卫生间插座安装在3区和采用防溅（或加防溅盒）是必需的，带"开关"的插座一般设计师容易忽略。

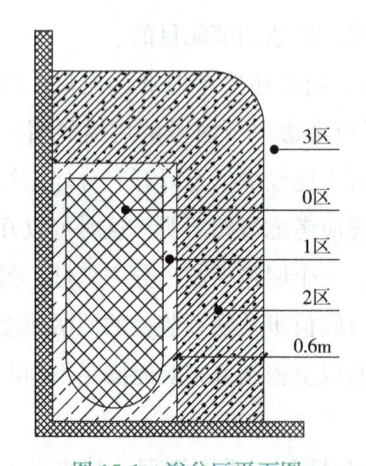

图15-1 浴盆区平面图
注：2区以外为3区

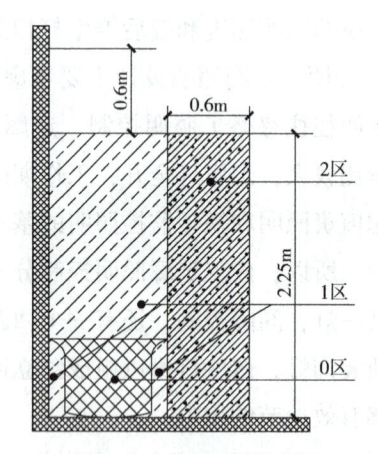

图15-2 浴盆区剖面图
注：2区以外为3区

上面仅仅列出了几个环境的照明控制分析，如果能达到抛砖引玉的效果，就达到了目的，更多场所的照明节能控制措施还需要进一步研究探索。

第十六章 应急照明及供电

一、应急照明

应急照明包括备用照明、安全照明、疏散照明。

1. 备用照明。

备用照明：用于确保正常活动继续的应急照明。包括供消防作业及救援人员继续工作的照明。

公共建筑的下列部位应设置备用照明，其最低照度不应低于正常照明的照度。

1）消防控制室、消防水泵房、自备发电机房、变配电室、防排烟机房以及发生火灾时仍需正常工作的消防设备房间。

2）通信机房、A/B级电子计算机房、BAS中央控制站、安全防范控制中心等重要用房。

3）建筑高度超过100m的高层民用建筑的避难层及屋顶直升机停机坪。

4）正常照明失效，无法工作和活动、可能诱发非法行为及妨碍灾害救援工作的场所。

2. 安全照明。

安全照明：用于确保处于潜在危险之中人员安全所设置的照明。例如突然停电可能造成人员伤害危险的工作场所的照明。

下列场所应设置安全照明。

1）如使用圆盘锯、高处作业等突然停电可能造成人员伤害危险的工作场所的照明。

2）人员处于非静止状态且周围存在潜在危险设施的场所。

3）正常照明失效可能延误抢救工作的场所。

4）人员密集且对环境陌生时，正常照明失效易引起恐慌骚乱的场所。

5）外界难以联系的封闭场所。

3. 疏散照明。

疏散照明：用于确保人员疏散路径能够被有效辨认和使用所设置的照明，包括疏散路径照明及疏散指示标志。如电梯前室、楼梯间、通道等在紧急情况下供人员疏散、为消防人员撤离火灾现场的照明。除在假日、夜间无人工作而仅由值班或警卫人员负责管理外，疏散照明平时宜处于点亮状态。

1) 厂房、丙类仓库、民用建筑、平时使用的人民防空工程等建筑中的下列部位应设置疏散照明。

①安全出口、疏散楼梯（间）、疏散楼梯间的前室或合用前室、避难走道及其前室、避难层、避难间、消防专用通道、兼作人员疏散的天桥和连廊。

②观众厅、展览厅、多功能厅及其疏散口。

③建筑面积大于 200m² 的营业厅、餐厅、演播室、售票厅、候车（机、船）厅等人员密集的场所及其疏散口。

④建筑面积大于 100m² 的地下或半地下公共活动场所。

⑤地铁工程中的车站公共区，自动扶梯、自动人行道，楼梯，连接通道或换乘通道，车辆基地，地下区间内的纵向疏散平台。

⑥城市交通隧道两侧的人行横通道或人行疏散通道。

⑦城市综合管廊的人行道及人员出入口。

⑧城市地下人行通道。

上述场所除应设置疏散照明外，并应在各安全出口处和疏散走道，分别设置安全出口标志和疏散走道指示标志；但二类高层居住建筑的疏散楼梯间可不设疏散指示标志；当有无障碍设计要求时，宜同时设有音响指示信号。

2) 建筑内疏散照明的地面最低水平照度应符合下列规定。

①疏散楼梯间、疏散楼梯间的前室或合用前室、避难走道及其前室、避难层、避难间、消防专用通道，不应低于 10.0lx。

②疏散走道、人员密集的场所，不应低于 3.0lx。

③上述场所外的其他场所，不应低于 1.0lx。

3) 疏散照明照度和供电持续时间。

①建筑高度 100m 及以上的民用建筑，最少持续供电时间≥1.5h。

②医疗、老年人照料建筑，总建筑面积大于 10 万 m² 的其他公共建筑，最少持续供电时间≥1.0h。

③总建筑面积 2 万 m² 以上的地下、半地下建筑，最少持续供电时间≥1.0h。

④应急照明的照度及供电需求时间见表 16-1。

表 16-1 应急照明的照度及供电需求时间

序号	区域类别	场所举例	最短持续供电时间/min		照度/lx	
			备用照明	疏散照明	备用照明	疏散照明
1	平面疏散区域	建筑高度 100m 及以上的住宅建筑疏散走道	—	≥90	—	≥1
2		建筑高度 100m 及以上的公共建筑疏散走道				≥3

（续）

序号	区域类别	场所举例	最短持续供电时间/min		照度/lx	
			备用照明	疏散照明	备用照明	疏散照明
3	平面疏散区域	人员密集场所、避难层（间）、老人照料设施、医院病房楼前室、避难走道等	—	≥60	—	≥10
4	平面疏散区域	医疗建筑、100000m² 以上的公共建筑、20000m² 以上的地下及半地下公共建筑等			—	≥3
5		建筑高度27m 及以上住宅建筑疏散走道	—	≥30	—	≥1
6		除另有规定外，建筑高度100m 以下的公共建筑			—	≥3
7	竖向疏散区域	人员密集场所、避难层（间）、老人照料设施、医院病房楼前室、避难走道等	—	应满足以上3项要求	—	≥10
8		疏散楼梯				≥5
9	航空疏散区域	屋顶消防救护用直升机坪	≥90	—	正常照明的50%	—
10	避难层疏散区域	避难层	≥180 或 ≥120（建筑火灾延续时间为2h 的建筑）	—	正常照明的50%	—
11	消防及变配电工作区域	消防控制室、电话机房、变配电室		—	正常照明	—
12		变配电室、发电机房		—	正常照明	—
13		消防水泵房、防排烟机房		—	正常照明	—

二、应急电源供电转换时间

1. 备用照明不应大于 5s。
2. 金融商业交易场所不应大于 1.5s。
3. 疏散照明不应大于 5s。

三、应急照明线路敷设

1. 应急照明线路暗敷设时，应采用穿导管保护，并应暗敷在不燃烧体结构内，其保护层厚度不应小于 30mm，当明敷时应穿金属导管或封闭式金属线槽保护，并应在金属导管或金属线槽上采取防火保护措施。

2. 采用绝缘和护套为难燃性材料的电缆时，可不穿金属导管保护，但应敷设在电缆竖井内。

3. 高层建筑楼梯间的应急照明，宜由应急电源提供专用回路，采用树干式供电。宜根据工程具体情况，设置应急照明配电箱。

四、应急照明电源应符合下列规定

1. 当建筑物消防用电负荷为一级负荷时，宜由主电源和应急电源提供双电源，并以树干式或放射式供电。应按防火分区设置末端双电源自动切换应急照明配电箱。当采用集中蓄电池或灯具内附电池组时，宜由双电源中的应急电源提供专用回路采用树干式供电，并按防火分区设置应急照明配电箱。

2. 当消防用电负荷为二级负荷时，宜采用双回线路树干式供电，并按防火分区设置自动切换应急照明配电箱。当采用集中蓄电池或灯具内附电池组时，可由单回线路树干式供电，并按防火分区设置应急照明配电箱。

3. 高层建筑楼梯间的应急照明，宜由应急电源提供专用回路，采用树干式供电。宜根据工程具体情况，设置应急照明配电箱。

4. 备用照明和疏散照明，不应由同一分支回路供电。

五、视觉连续的灯光疏散指示或蓄光指示

以下场所应设置视觉连续的灯光疏散指示或蓄光指示。
1. 8000m^2 及以上的展览建筑；5000m^2 及以上的地上商场；500m^2 及以上的地下商场。
2. 1500 座及以上的影剧院；3000 座及以上的体育馆、会堂。
3. 歌舞娱乐放映游艺场所。
4. 车站、码头、民用机场中面积 3000m^2 及以上的等候厅和公共场所。

六、应急照明供电电源分析

在无人管理的场所疏散照明应为常亮状态，如果采用柴油发电机作为备用电源时，宜采用 EPS 供电，因为柴油发电机启动时间远大于 5s。这时 EPS 容量可不按备用时间设计，仅考虑发电机启动过程中不能正常供电时间段的应急照明负荷。

第十七章　超高层建筑电气设计应注意的问题

一、超高层建筑与高层建筑电气设计特点和区别

随着城市规模越来越大，土地越来越缺乏，超高层建筑也越来越多，超高层建筑电气设计技术对电气设计师是十分重要的，目前国内没有超高层建筑电气设计的单独规范和措施，本章就超高层建筑电气设计中遇到的与普通高层建筑电气设计有区别的问题进行论述，对超高层建筑设计时应主要考虑的问题和做法给出了具体措施。

首先应了解超高层建筑与普通高层建筑的区别，超高层建筑与普通高层建筑的区别在于超高层建筑都是高度 100m 以上的建筑。随着建筑高度的增加，负荷及供电半径也随之增大，还有物理上的变化使得超高层建筑电气设计与普通高层建筑电气设计也有所区别。

二、负荷等级

一般负荷确定为：消防负荷（建筑高度超过 150m 的为特级负荷）、应急照明、疏散指示、主楼电梯、地下层排污泵、供水泵、机械停车、直升机停机坪、航空障碍灯、通信、安保监控、广播等用电均按一级负荷供电；一类高层民用建筑的主要通道及电梯间的照明、二类高层民用建筑的消防用电、主要通道及楼梯间的照明、客梯、生活水泵、排水泵等用电按二级负荷供电；其余为三级负荷。特别要提出的是除规范里要求的特级负荷外，避难层的电力和照明，停机坪、航空障碍灯、消防设备用电、每一个分区最少有一台电梯等除由双电源供电外，还宜由自备发电机提供第三电源。

三、供电电源

一级负荷应由双电源供电，第三电源宜采用柴油发电机提供，发电机建议设置两台，一般设在地下一层，柴油发电机组作为消防及重要负荷应急的备用电源。发电机设置应视超高层建筑高度而定，200m 以下宜设低压发电机，200~400m 视具体情况考虑设高压发电机还是低压发电机，400m 以上宜设高压发电机。

四、变电所设置

超高层建筑一般建筑面积较大，用电负荷也较大。当超高层建筑发生各种灾难时抢险难度大、人员疏散较困难，因此，超高层建筑供电可靠性要求高于一般高层建筑，其中消防系统的用电安全保障显得尤为重要。一般高层建筑变电所设置在地下室就能满足供电半径要求。超高层建筑本身高度就超过100m，再加上横向供电距离有可能超过200m，随着建筑高度的增加供电半径增大，末端压降也增大。另外，有地下变电所直接供电到上部，供电电缆或母线较多，竖井占地面积较大，也不够经济。所以超高层建筑除在地下室设变电所外，还需在较合适的避难层设置变电所，向顶部供电。如果每个避难层单元用电负荷大于1000kVA，建议每个避难层设置一个变电所，变电所内宜设置两台变压器，以满足互为备用的需求。这样既节约电缆用量，也能减小末端压降。另外，在避难层设置变电所需考虑变压器等大型电气设备的垂直运输问题，包括重量、电梯尺寸，也应考虑避难层变电所的荷重问题，设计时应与建筑和结构设计人员确定电梯及通道尺寸和结构板荷载。

五、配电系统

按照建筑防火相关规范要求，超高层建筑15层以上每15层设置一个避难层，电气设计规范要求供电回路不应跨越避难层。避难层内的电力和照明也应独立回路供电，不应与避难层以外的用电设备共用一个配电回路。

垂直干线采用封闭母线时，由于超高层建筑会有一定的摇摆度，从母线干线引至配电箱的线路应采用电缆连接，以减低超高层建筑在摇摆时对铜母线槽接驳组件位置的拉扯压力，减少发生故障的机会，也相对增加了主干系统的寿命。

六、配电线路布线系统应注意的问题

1. 由地下10kV配电室向避难层变电所供电的10kV电力电缆应设置独立的竖井或采用矿物绝缘耐火电缆。发电机为避难层提供电源的电缆也应采用低烟无卤耐火电缆。

2. 消防配电线路宜与其他线路分开敷设在不同的竖井内，如无法满足分井敷设时，也应与其他线路分别布置在井道两侧。

3. 由于末端双电源切换的负荷较多，电缆数量随之增多，最好将应急用电线路与普通用电线路分线槽敷设，也应将双回路分别敷设在两个线槽内。如果线路少时，可在线槽内加隔板，使双电源的两根电缆分设两侧。

4. 如果采用铜护套矿物绝缘电缆，应采用梯架敷设，不应与其他电缆敷设在一个线槽内。

5. 超高层建筑不宜采用穿刺线夹接线方式。

6. 每层按用途留够用电量，根据分割户型大小可以灵活分配用电量，计量采用集中监测系统。桥架安装支架宜采用防震支架。

七、防雷接地

防雷设计一定要注意钢结构的连接形式，如利用钢柱做引下线要注意钢柱与基础的连接形式，是否是电气联通。超高层建筑一定要做好防侧击雷的设计。要充分考虑屋面设备的接地，如擦窗机、风机等设备的接地连接，避难层变电所的接地要求由基础直接引两根以上接地线，与避难层变电所基础等形成等电位连接。

八、火灾报警系统

任一台火灾报警控制器所连接的地址不能超过 3200 个，任一总线回路不得超过 200 个，联动控制器的连接地址 1600 个，均应预留 10% 的余量，也就是说任一台火灾报警控制器所连接的地址不宜超过 2880 个，任一总线回路不得超过 180 个，联动控制器的连接地址不得超过 1440 个，每个隔离模块所带地址总数不得超出 32 个。

建筑高度 100m 及以上的建筑（也就是超高层建筑），火灾报警系统宜按避难层设置火灾报警控制器，火灾报警控制器所带的模块或地址不得跨越避难层，分消防控制器不能控制主要的消防设备，不得跨越避难层控制消防设备，火灾报警控制器可设在消防中心或避难层只有消防值班人员可进入的房间。也就是说火灾报警控制器如果设置在避难层里就需有专门的房间，不能设置在配电间或设备间里。当控制模块和探测器较多时，建议每个控制器所带地址不宜超过 2880 个，每个火灾报警控制器尽量监控功能和用途等管理方便的区域。避难层应设与消防中心的专线消防电话。

超高层建筑内部的消防应急照明和疏散指示标志的备用电源的连续供电时间应大于 1.5h，而其他建筑是 0.5h。在没有装修的地下车库、避难层等场所，应急照明灯具与风管位置冲突，有的被风管挡住，照度达不到要求，因此需注意灯具设置位置。特别要注意的是避难层进入疏散楼梯间的入口和疏散楼梯间进入避难层的出口处应设疏散指示标志，该疏散指示标志与标准层疏散指示标志指示方向相反。

九、航空障碍灯的设置

航空障碍灯应装设在建筑物或构筑物的最高部位。当制高点平面面积较大或为建筑群时，除在最高端装设航空障碍灯外，还应在其外侧转角的顶端分别设置。航空障碍灯的水平、垂直距离不宜大于45m。航空障碍灯应采用同步控制装置，并宜设有变化光强的措施。航空障碍灯的设置应便于更换光源。航空障碍灯电源应按主体建筑中最高负荷等级要求供电。屋顶直升机停机坪应设应急照明，该应急照明应符合《民用直升机场飞行场地技术标准》（MH5013—2023）的要求。

第十八章　建筑电气设计常见技术论述

一、消防设备用电负荷为三级，是否需要双电源供电

1. 相关规范对消防负荷的要求。
1) 一个建筑内的消防负荷与非消防用电负荷中最高负荷等级供配电要求一致。
2) 室外消防用水量大于 25L/s 的其他公共建筑的消防用电应按二级负荷供电。
3) 除一、二级负荷以外的其他消防用电可按三级负荷供电。

2. 相关规范对供电的要求。
1) 一级负荷应由双重电源的两个低压回路在末端配电箱处切换供电。
2) 二级负荷：①当建筑物由一路 10kV 电源供电时，二级负荷可由两台变压器各引一路低压回路在负荷端配电箱处切换供电；②当建筑物由双重电源供电，且两台变压器低压侧设有母联开关时，二级负荷可由任一段低压母线单回路供电。
3) 三级负荷可采用单电源单回路供电，可由一台变压器的一路低压回路供电或一路低压进线的一个专用分支回路供电。
4) 消防控制室、消防水泵房、防烟和排烟风机房的消防用电设备及消防电梯等的供电，应在其配电线路的最末一级配电箱处设置自动切换装置。也就是说这些设备均需要采用双回路供电的方式，在现场设置双回路切换装置。但是，三级负荷没有双电源或双回路供电的要求，双回路供电末端切换就没有意义了。三级负荷中，在设置有两台终端变压器的情况下，从变压器至消防设备已具备设置双回路供电的条件，宜采用双回路供电。如果设置两台变压器或由两路低压电源回路供电时，为提高消防供电可靠性需采用双回路供电并在末端配电箱设置双电源自切装置。当仅设置一台变压器或一路电源供电时，可一回路供电。三级消防负荷是"可"采用单回路，而不是不能采用双回路供电，三级负荷的消防电源至少要从变电所（没有变电所时应从总配电室）一专用回路供电。

二、有源滤波柜的配置选择

谐波的危害：谐波导致变压器发热。谐波导致变压器发热有两方面原因，一是谐波电流的增量增加了变压器的铜损和漏磁损耗；二是谐波电压能增加铁损。谐波还能导致电缆发

热,在三相对称电路中,三次谐波在三相导线中相位相同,在中性线上叠加产生 3 倍于相线的谐波电流和谐波电压。

有源滤波器(Active Power Filter,简称 APF)是一种用于动态抑制谐波、补偿无功的新型电气装置,它能够对谐波大小和谐波频率进行抑制,同时还能对无功功率进行补偿。有源滤波器不仅抑制了谐波,也弥补了传统无功补偿的缺点(传统的只能固定补偿),有源电力滤波器实现了动态跟踪补偿。

新建项目,设计人员无法获取足够的数据,只能根据众多的经验总结选取有源滤波容量。有源滤波装置容量选择可参考以下计算方式。

1. 集中滤波。一般选择在变压器低压侧集中治理,滤波电流的计算:

$$I_h = \frac{SK}{\sqrt{3}U\sqrt{1+\text{THD}_i^2}} \times \text{THD}_i$$

式中　I_h——谐波电流;

　　　S——变压器的额定容量(kVA);

　　　U——变压器低压侧的额定电压,一般为 0.4kV;

　　　K——负荷率,一般为 0.7~0.8;

　　　THD_i——谐波电流畸变率。

2. 部分滤波。已知设备的容量/功率,谐波电流的计算:

$$I_h = K\frac{P}{\sqrt{3}U_N\cos\phi} \times \frac{\text{THD}_i}{\sqrt{1+\text{THD}_i^2}}$$

式中　I_h——谐波电流;

　　　U_N——设备额定线电压;

　　　P——设备总功率;

　　　K——负荷率;

　　　$\cos\phi$——功率因数;

　　　THD_i——谐波电流畸变率。

3. 局部滤波。若配电中存在较大功率的谐波源负载,可以在负载电源的输入端进行就地滤波,可根据下式计算滤波容量:

$$I_h = KI_N\frac{\text{THD}_i}{\sqrt{1+\text{THD}_i^2}}$$

式中　I_h——谐波电流;

　　　I_N——设备额定电流;

　　　K——负荷率(负载满负荷时 $K=1$);

　　　THD_i——谐波电流畸变率。

4. 经验公式：

$$I_h = S_t M \text{THD}_i$$

式中　I_h——谐波估算值（A）；

　　　S_t——变压器额定容量（kVA）；

　　　M——经验系数，假定变压器负载率为80%，0.4kV 时为1.15；

　　THD_i——谐波电流畸变率（取值范围根据不同行业及主要负载确定）。

5. THD_i（Total Harmonic Current Distortion）定义为总谐波电流有效值 I_h 与基波电流有效值之比。如果是已建项目需要增加有源滤波器，一般需要带着谐波测量仪器去现场测量，然后分析测量数据，给出解决方案。如果是新建项目，那只能根据经验估算了。如果有源滤波器安装在变压器二次侧，计算谐波电流就用变压器二次侧出线的额定电流×负荷率×谐波电流畸变率，可以得出一个比较初始的参考值。一般负荷率取平均值时，畸变率取15%就可以。谐波电流畸变率不同建筑、不同负载各不相同，常用的谐波电流畸变率（THD_i）如下：

1）一般办公 15%。

2）医疗、高端写字楼 20%。

3）通信、数据机房、计算机中心 35%。

4）水处理、城市公共建筑 25%。

5）一般工业 20%。

6）重工业 30%~35%。

6. 计算实例。某水处理厂某配电房变压器容量 1000kVA，变压器变比 10/0.4kV，负载率 0.8，THD_i 取值为 25%。

1）根据集中滤波公式计算：$I_h = \dfrac{1000 \times 0.8 \times 0.25}{1.732 \times 0.4 \times \sqrt{1 + 0.25^2}} = 280$（A）。

2）根据经验公式计算：$I_h = 1000 \times 1.15 \times 0.25 = 287.5$（A）。

3）选型：根据计算结果，若不需要对动态功率因数或其他问题作治理，选择 300A 容量 APF 即可。

注：上述实例容量是在变压器负荷率为 80% 的情况下得到的。在实际项目中根据负荷率的值与 80% 负荷率比较，按比例得出容量。

三、低压配电系统的三种（TN 系统、TT 系统、IT 系统）接地形式的优缺点及保护要求

1. 低压配电系统有三种，分别为 TN 系统、TT 系统、IT 系统，其中 TN 系统又分为 TN-C 系统、TN-S 系统、TN-C-S 系统，接地形式字母的含义：

1）第一个字母表示电源端与地的关系。

➢ T——电源变压器中性点直接接地。

➢ I——电源变压器中性点不接地，或通过高阻抗接地。

2）第二个字母表示电气装置的外露可导电部分与地的关系。

➢ T——电气装置的外露可导电部分直接接地，此接地点在电气装置上独立于电源端的接地点。

➢ N——电气装置的外露可导电部分与电源端接地点有直接电气连接。

3）第三个字母是 C 时，表示中性线（N）与接地保护线（PE）合在一起共用一根线，这根线也称为 PEN 线。第三个字母是 S 时，表示中性线（N）与接地保护线（PE）独立分开。

4）第四个字母是 S 时，表示配电系统前端是 TN-C 系统、后部分是 TN-S 系统。因此 TN-C-S 系统是 TN-C 系统与 TN-S 系统的结合。

2. 各配电系统的优缺点。

1）TT 系统是指将电气设备的金属外壳直接接地的保护系统，称为保护接地系统。

①TT 系统的主要优点：

➢ 对低压电网的雷击过电压有一定的泄漏能力。

➢ 在电器发生碰壳事故时，可降低外壳的对地电压，因而可减轻人身触电危害程度。

➢ 单相接地时接地电流比较大，可使保护装置（剩余电流保护断路器）可靠动作，及时切除故障。

②TT 系统的主要缺点：

➢ 低压电器外壳接地的保护效果不及 IT 系统。

➢ 当电气设备的金属外壳带电（相线碰壳或设备绝缘损坏而漏电）时，由于有接地保护，可以大大减少触电的危险性。但是，低压保护断路器不一定能跳闸，造成漏电设备的外壳对地电压高于安全电压，属于危险电压。

③TT 系统的特点：

➢ 一旦设备出现外壳带电，如果接地电阻很小，可能将漏电电流上升为短路电流，实际上就是单相对地短路故障，保护断路器就会动作。

➢ TT 系统电气设备的外壳是直接接大地的，电气回路是电气设备外壳—大地—变压器中性点接地—回电网，这种接地方式由于回路中间有较大的接地电阻，单相接地时阻抗较大，过流、速断保护的灵敏度难以保证，所以必须安装剩余电流保护断路器。

2）IT 系统就是电源中性点不接地，用电设备外露可导电部分直接接地的系统。

①IT 系统发生第一次接地故障时，接地故障电流仅为非故障相对地的电容电流，其值很小，外露导电部分对地电压不超过 50V，不需要立即切断故障回路，保证供电的连续性。但是，如供电线路较长，供电线路对大地就存在分布电容，在负载发生短路故障或漏电使设备外壳带电时，漏电电流经大地形成假回路，保护设备不一定动作，所以要求 IT 系统供电

时，也必须安装剩余电流保护断路器。

②对于 IT 系统，通常首次接地故障时，保护装置不直接动作于跳闸，但应设置故障报警，及时消除隐患，否则如果发生异相接地，就很可能导致短路，使事故扩大。

3）在 IT 和 TT 系统中，为提高用电的安全可靠性，不能将 RCD 作为唯一的保护电器，是因为 RCD 也有发生故障的时候。因此，过电流保护也不是摆设，还是需要的。

4）TN-S 方式供电系统是把工作零线 N 和专用保护线 PE 严格分开的供电系统，系统正常运行时，N 线上只有不平衡电流，PE 线上没有电流，对地也没有电压，所以电气设备金属外壳接零保护是接在专用的 PE 线上，是安全可靠的。TN-S 方式供电系统有以下几个特点：

①N 线只用作单相负载回路。

②PE 线不允许断开，也不允许进入剩余电流保护断路器。

③干线上设置有剩余电流保护断路器时，N 线不得重复接地，虽然 PE 线可能有重复接地，但是不经过剩余电流保护断路器，所以 TN-S 系统供电干线上也可以安装剩余电流保护断路器。

④TN-S 方式供电系统安全可靠，适用于工业与民用建筑等低压供电系统。

5）TN-C-S 方式供电系统，在建筑施工临时供电中，如果前部分是 TN-C 方式供电，而施工规范规定施工现场必须采用 TN-S 方式供电系统时，则可以在施工用电配电箱从 PEN 线分出 N 线和 PE 线，分开后，N 线与 PE 线就不能再接在一起了。TN-C-S 系统的特点：当电气设备的金属外壳带电时，由于有接地保护，可以大大减少触电的危险性。但是，低压断路器不一定能跳闸，造成漏电设备的外壳对地电压高于安全电压，属于危险电压。

6）TN-C 系统干线上使用剩余电流保护断路器时，剩余电流保护断路器以后的 PEN 线后不得有重复接地，否则剩余电流保护断路器合不上，而且 PEN 线在任何情况下都不得断开。TN-C 供电系统只适用于三相负载基本平衡的情况。

四、自然环境及低温对电气设备、导体的选型要求

1. 为特殊环境选用电气设备时，首先要了解产品的使用环境，只有在满足设备允许的温度范围内，设备才能正常工作。

2. 低温可能使设备运转迟缓，尤其是润滑剂受温度影响较大，低温使润滑剂黏度增大，电器旋转机构运转阻力加大，有的金属材料受低温影响发生变形，尤其是对电磁机构影响较大，使其动作变迟缓，使电气设备不能正常工作。温度较高可能会影响精度。

3. 低温对电子元件影响较大，温度太低可能造成电子元件无法工作。

4. 低温对导体的影响主要是使电缆绝缘材料变脆，对电缆弹性和弯曲性有较大影响；高温对电缆的影响主要体现在降低载流量，温度越高，降低的载流量也越大。

5. 在有可能出现低温的环境中，选择电气设备时应选用耐低温产品，如果不能满足，应增加辅助加热设施。

五、高海拔环境对电气设备、导体的选型要求

1. 高海拔环境电气设备的选用。一般电气设备出厂试验是在海拔 1000m 以下进行的，因此，对于使用地点超过海拔 1000m 的电气设备，应作适当的校正。高海拔环境应选用高海拔电气设备。

2. 海拔高度对电气设备的影响。随着海拔高度的增加，大气压力下降，空气密度和湿度相应地减少。这些特征对电气设备性能有以下影响。

1）空气压力和空气密度降低将引起电气设备外绝缘强度降低，对电气间隙击穿电压产生影响，随着空气压力的降低，电气设备击穿电压也下降，为了保证产品在高海拔环境使用时有足够的耐击穿能力，必须增大电气间隙。

2）高海拔低气压使高压电动机的局部放电产生电晕的起始电压降低，加大了电晕对电气设备的腐蚀。

3. 对开关电器灭弧性能的影响。高海拔使空气压力和空气密度降低，使空气介质灭弧的开关电器灭弧性能降低、通断能力下降和电寿命降低。

4. 对介质冷却效应，即产品温升的影响。高海拔环境空气压力和空气密度降低，引起空气介质冷却效应的降低。对于以自然对流、强迫通风或空气散热器为主要散热方式的电气设备，由于散热能力的下降，使电气设备温升增加。

5. 对产品机械结构和密封性能的影响。高海拔引起低密度、低浓度、多孔性材料（绝缘材料、隔热材料等）的物理和化学性质的变化，使润滑剂的蒸发及塑料制品中增塑剂的挥发加速，使电气设备内外压力差增大，气体或液体易从密封设备中泄漏。海拔增高增大了受压容器所承受的压力，容易导致受压容器破裂。高海拔地区温差较大，电气设备的外壳容易变形，密封结构容易被破坏。

6. 高海拔地区辐射对电气设备的影响。

1）高海拔地区太阳辐射强，热辐射对物体起加热作用，对电气设备产生机械热应力等影响。

2）高海拔地区紫外辐射强度大，使有机绝缘材料加速老化，使空气容易电离而导致外绝缘强度和电晕起始电压降低。

六、防爆电气设备的适用环境

1. 什么电气设备可直接用于爆炸性气体环境？对于电压不超过 1.2V、电流不超过

0.1A、功率不超过25mW的电气设备，经检验单位认可后，可直接用于爆炸性气体环境。

2. 什么环境的电力装置应按爆炸性气体环境进行电力装置设计？电力装置在生产、加工、处理、转运或储存过程中出现或可能出现下列爆炸性气体混合物环境之一时，应进行爆炸性气体环境的电力装置设计。

1）在大气条件下，可燃气体与空气混合形成爆炸性气体混合物。

2）闪点低于或等于环境温度的可燃液体的蒸气或薄雾与空气混合形成爆炸性气体混合物。

3）在物料操作温度高于可燃液体闪点的情况下，当可燃液体有可能泄漏时，可燃液体的蒸气或薄雾与空气混合形成爆炸性气体混合物。

3. 爆炸性气体环境区域划分：爆炸性气体环境应根据爆炸性气体混合物出现的频繁程度和持续时间分为0区、1区、2区。

1）0区为连续出现或长期出现爆炸性气体混合物的环境。

2）1区为在正常运行时可能出现爆炸性气体混合物的环境。

3）2区为在正常运行时不太可能出现爆炸性气体混合物的环境，或即使出现也仅是短时存在的爆炸性气体混合物的环境。

4. 粉尘危险场所划分。

1）20区为在正常运行过程中可燃性粉尘连续出现或经常出现，其数量足以形成可燃性粉尘与空气混合物或可能形成无法控制和极厚的粉尘层的场所及容器内部。

2）21区为在正常运行过程中可能出现的粉尘数量足以形成可燃性粉尘与空气混合物的场所。

3）22区为在异常情况下，可燃性粉尘云偶尔出现并且只是短时间存在，或可燃性粉尘偶尔出现堆积或可能存在粉尘层并且产生可燃性粉尘空气混合物的场所。

5. 释放源级别划分。释放源按可燃物质的释放频繁程度和持续时间长短分为连续级释放源、一级释放源、二级释放源。

1）连续级释放源应为连续释放或预计长期释放的释放源。下列情况可划为连续级释放源：

①没有用惰性气体覆盖的固定顶盖储罐中的可燃液体的表面。

②油、水分离器等直接与空间接触的可燃液体的表面。

③经常或长期向空间释放可燃气体或可燃液体的蒸气的排气孔和其他孔口。

2）一级释放源为在正常运行时，预计可能周期性或偶尔释放的释放源。下列情况可划为一级释放源：

①在正常运行时，会释放可燃物质的泵、压缩机和阀门等的密封处。

②储有可燃液体的容器上的排水口处，在正常运行中，当水排掉时，该处可能会向空间释放可燃物质。

③正常运行时，会向空间释放可燃物质的取样点。

④正常运行时，会向空间释放可燃物质的泄压阀、排气口和其他孔口。

3) 二级释放源为在正常运行时，预计不可能释放，当出现释放时，仅是偶尔和短期释放的释放源。下列情况可划为二级释放源：

①正常运行时，不能出现释放可燃物质的泵、压缩机和阀门的密封处。

②正常运行时，不能释放可燃物质的法兰、连接件和管道接头。

③正常运行时，不能向空间释放可燃物质的安全阀、排气孔和其他孔口处。

④正常运行时，不能向空间释放可燃物质的取样点。

6. 在爆炸性气体环境中应采取的防止爆炸预防措施。对区域内易形成和积聚爆炸性气体混合物的地点应设置自动测量仪器装置，当气体或蒸气浓度接近爆炸下限值的50%时，应能可靠地发出信号或切断电源。

7. 爆炸性环境电气设备的设计与安装。除本质安全电路外，爆炸性环境的电气线路和设备应装设过载、短路和接地保护，不可能产生过载的电气设备可不装设过载保护。爆炸性环境的电动机除按国家现行有关标准的要求装设必要的保护之外，均应装设断相保护。如果电气设备的自动断电可能引起比引燃危险造成的危险更大时，应采用报警装置代替自动断电装置。

应在危险场所外部合适的地点或位置，设置一种或多种能在紧急情况下，对危险场所设备断电的措施。连续运行的设备不应包括在紧急断电回路中，而应安装在单独的回路上，防止附加危险产生。

8. 爆炸性气体环境是否可以布置变电所、配电所和控制室？

1) 变电所、配电室和控制室应布置在爆炸性环境以外，当为正压室时，可布置在1区、2区内。

2) 对于可燃物质比空气重的爆炸性气体环境，位于爆炸危险区附加2区的变电所、配电所和控制室的电气设备和仪表的设备层地面应高出室外地面0.6m。对于没有电气设备安装的电缆室可以认为不属于设备层，其地面可以不用抬高。

注：附加2区范围的划分。当易燃物质可能大量释放并扩散到15m以外时，爆炸危险区域的范围应划分附加2区。易燃物质重于空气，以释放源为中心，总半径为30m，地坪上的高度为0.6m，且在2区以外的范围内划为附加2区。

9. 爆炸性环境电气线路设计。爆炸性环境电缆和导线的选择：中性线应与相线在同一护套或保护管内敷设。在1区内应采用铜芯电缆，在2区内宜采用铜芯电缆，有剧烈振动区域的回路，均应采用铜芯绝缘导线或电缆。

10. 爆炸性环境线路的保护。在1区内单相回路中的相线及中性线均应装设短路保护，开关应同时断开相线和中性线。对3~10kV电缆线路宜装设零序电流保护，在1区、21区内保护装置宜动作于跳闸。

11. 爆炸性环境接地设计。

1）爆炸性环境中的 TN 系统应采用 TN-S 型；从 TN-C 型到 TN-S 型转换的任何部位，保护线应在非危险场所与等电位连接系统相连接。

2）危险区中的 TT 型电源系统应采用剩余电流动作的保护电器。

3）爆炸性环境中的 IT 型电源系统应设置绝缘监测装置。

12. 等电位设计要求：爆炸性气体环境中应设置等电位连接，所有裸露的装置外部可导电部件应接入等电位连接系统。

13. 爆炸性环境内设备的保护接地要求。

1）爆炸性环境 2 区、22 区内的照明灯具，可利用有可靠电气连接的金属管线系统作为接地线，但不得利用输送可燃物质的管道。

2）在爆炸危险区域接地干线应不少于两处与接地体连接，接地体连接宜在不同方位。

14. 爆炸性环境的接地装置与防雷措施。

1）设备的接地装置与防止直接雷击的独立避雷针的接地装置应分开设置。

2）设备的接地装置可与装设在建筑物上防止直接雷击的避雷针的接地装置合并设置。

3）设备的接地装置可与防雷电感应的接地装置合并设置，接地电阻值应取其中最低值。

15. 防爆电气设备分类。

1）隔爆型：是把设备可能点燃爆炸性气体混合物的部件全部封闭在一个外壳内，如果内部进入爆炸性气体混合物，当其发生爆炸时，外壳可以承受产生的爆炸压力而不损坏。

2）增安防爆型：是一种对在正常运行条件下不会产生电弧、火花的电气设备采取一些附加措施以提高其安全程度，防止其内部和外部部件可能出现危险温度、电弧和火花的可能性。

3）本安型：本安型又称为本质安全型，是专供煤矿井下使用的防爆电气设备。

4）隔爆型（含增安防爆型）电气设备与本安型电气设备的区别。

隔爆型电气设备：这个设备如爆炸、起火，但是仅限于设备内部，不会影响设备外部的环境；本安型电气设备：这个设备本身出现故障，包括短路、发热等，不会引起任何的起火、爆炸。

16. 防爆电气设备分类。

1）Ⅰ类为煤矿井下用电气设备。

2）Ⅱ类为除矿井以外的场所使用的电气设备，Ⅱ类电气设备又分为ⅡA、ⅡB、ⅡC 三个类别。根据爆炸性气体混合物引燃温度的差异，组别又分为 T1、T2、T3、T4、T5、T6 六种。引燃温度用 t（℃）表示，其值如下：

T1 为 $t<450℃$。

T2 为 $200℃≤t<300℃$。

T3 为 135℃ ≤ t < 200℃。

T4 为 100℃ ≤ t < 135℃。

T5 为 85℃ ≤ t < 100℃。

T6 为 t < 85℃。

17. 爆炸危险场所电气设备防爆类型代号。

1）Ⅰ区：隔爆型（d），增安防爆型（e），本安型（ib）。

2）0区：本安型（ia）。

18. 防爆电气设备标志举例。

Fx-dⅡBT4：Fx 为防爆标志，代表防爆电气产品，d 为隔爆型，使用在类别为ⅡB级（类）别，爆炸性气体的引燃温度为 T4（小于或等于135℃）的组别。

七、穿刺线夹的应用

近年来出现过多起电缆在穿刺线夹处发生火灾的事故。由此也不得不引起人们对穿刺线夹应用的重视。

穿刺线夹至今已有三十多年的使用历史。穿刺线夹确有施工快捷和经济的优点，但是对施工操作也有更高的要求，必须采用专用的工具，否则，螺栓拧得过紧会伤害主电缆，拧得过松接触不好就会发热，有时穿刺线夹也容易损伤电缆导体，使分支处电缆载流量降低。穿刺线夹也很难达到防水防火要求。穿刺线夹既然有优点又有缺点，那就应该发挥它的优点，避免它的缺点。

结论：穿刺线夹可用于临时用电、架空线路，不宜用于铠装电缆、埋地敷设电缆、分支较多的供电干线、重要负荷的供电电缆、耐火及阻燃电缆，在线槽内也不宜采用穿刺线夹。

八、10kV 系统接线形式及应用环境

10kV 系统的接线形式主要有放射式、树干式、环式等。

1）放射式供电：就是需要几个回路就从变电站敷设几条线路。供电可靠性高，故障发生后影响范围较小，切换操作方便，保护简单，便于自动化，但高压配电出线回路和高压开关柜数量较多，而且造价较大。

2）树干式供电：配电线路和高压开关柜数量少且投资小，但故障影响范围较大，供电可靠性较差，如图 18-1、图 18-2 所示。

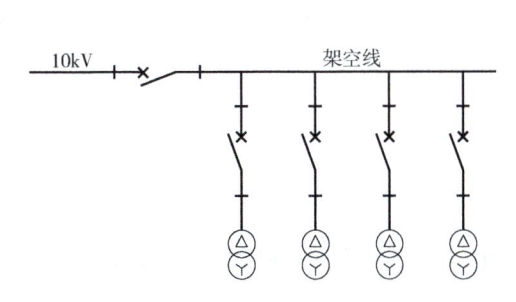

图 18-1　架空线路树干式供电

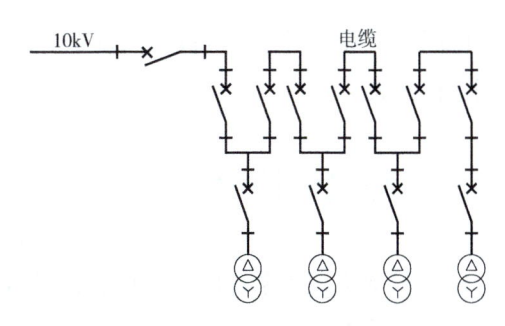

图 18-2　电缆线路树干式供电

3）环式供电：环式供电按可靠性分为单环网供电和双环网供电两类，按控制形式又分为闭路环式和开路环式两种。环式供电可靠性高，运行比较灵活。双环网供电比单环网供电可靠性更高，单环网供电相当于两个回路供电，双环网供电相当于四个回路供电。为简化保护，一般采用开路环式，如图 18-3 所示，单环网供电开环时，1~3 号开关不能同时合闸，只能任意两个开关合闸。如图 18-4 所示，双环供电 1~2 号开关同时只能一个合闸，3~4 号开关同时只能一个合闸。环式供电主要是可靠性较高，运行比较灵活，但切换操作较烦琐，造价较高。

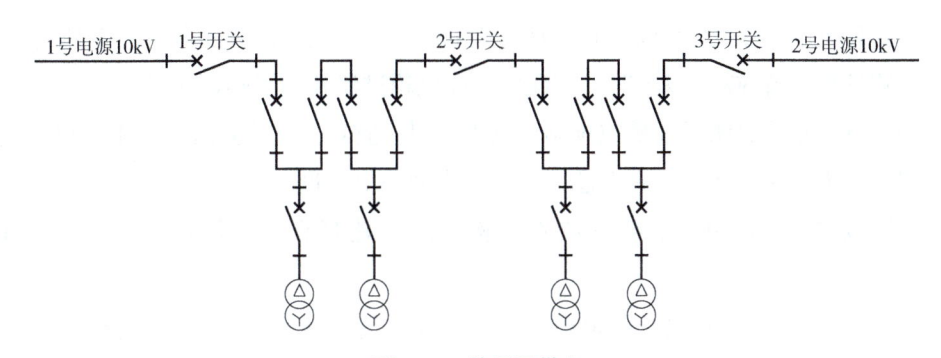

图 18-3　单环网供电

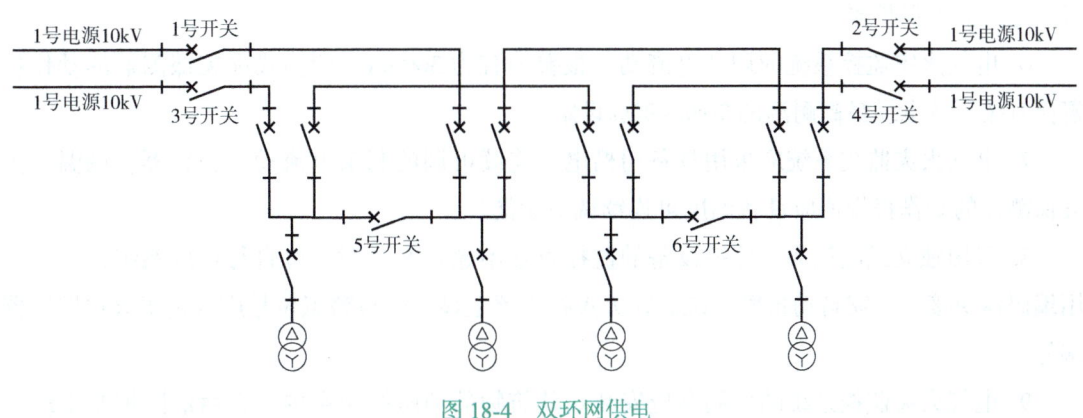

图 18-4　双环网供电

4）目前城市 10kV 供电多采用环式供电，便于实现线路的选择性，减少线路故障影响整个电网，一般采用开环运行，也就是一处是断开的，两端也是树干式供电。环式供电多数采用负荷开关。

九、漏电保护设计

1. 电气火灾监控系统应独立设置，设有火灾自动报警系统的场所，电气火灾监控系统应作为其子系统。

2. 电气火灾监控系统应检测配电线路的剩余电流和温度，当超过限定值时应报警。

3. 电气火灾监控系统应由下列部分或全部设备组成：
1）电气火灾监控器、接口模块。
2）剩余电流式电气火灾探测器。
3）测温式电气火灾探测器。
4）故障电弧探测器。

4. 剩余电流式电气火灾探测器、测温式电气火灾探测器和电弧故障探测器的监测点设置应符合下列规定：
1）线路计算电流 300A 及以下时，宜在变电所低压配电室或总配电室集中测量。
2）线路计算电流 300A 以上时，宜在楼层配电箱进线开关下端口测量。
3）当配电回路为封闭母线槽或预制分支电缆时，宜在分支线路总开关下端口测量。
4）建筑物为低压进线时，宜在总开关下分支回路上测量。
5）国家级文物保护单位、砖木或木结构重点古建筑宜在电源进线总开关的下端口测量。

5. 设置了电气火灾监控系统的家电商场、批发市场等场所的末端配电箱应设置电弧故障火灾探测器或限流式电气防火保护器。储备仓库、电动车充电等场所的末端回路应设置限流式电气防火保护器。

6. 电气火灾监控系统的剩余电流动作报警值宜为 300mA。测温式火灾探测器的动作报警值宜按所选电缆最高耐温的 70%~80% 设定。

7. 电气火灾监控系统应采用具备门槛电平连续可调的剩余电流动作报警器；测温式火灾探测器的动作报警值应具备温度可连续调节功能。

8. 采用独立式电气火灾监控设备的监控点数不超过 8 个时，可自行组成系统，也可采用编码模块接入火灾自动报警系统。在火灾报警器上显示的报警点位号应区别于火灾探测器编号。

9. 电气火灾监控系统的控制器应安装在建筑物的消防控制室内，宜由消防控制室统一管理。

10. 电气火灾监控系统的导线选择、线路敷设、供电电源及接地，应与火灾自动报警系统要求相同。

十、低压配电系统的电击防护

低压配电系统的电击防护应包括基本保护（直接接触防护）、故障保护（间接接触防护）和特殊情况下采用的附加保护。

1. 基本保护（直接接触防护）。采用特低电压 SELV 和 PELV。

2. 故障保护（间接接触防护）应符合下列规定：

1）故障保护的设置应防止人身受到间接电击以及电气火灾、线路损坏等事故的影响；故障保护电器的选择，应根据配电系统的接地形式，移动式、手持式或固定式电气设备的区别以及导体截面面积等因素经过技术经济比较确定。

2）外露可导电部分应按各种系统接地形式的具体条件，与保护接地导体连接。

3）建筑物内应作总等电位连接。

3. TN 系统的保护措施应符合下列规定：

1）电气装置的外露可导电部分应通过保护接地导体接至总接地端子，该总接地端子应连接至供电系统的接地点。

2）固定安装的电气装置，当满足现行国家标准时，可用一根导体兼作保护接地中性导体，但在保护接地中性导体中不应设置任何开关或隔离器件。

3）过电流保护电器和剩余电流保护器（RCD）可用作 TN 系统的故障防护，但 RCD 不能用于 TN-C 系统。在 TN-C-S 系统中采用 RCD 时，在 RCD 的负荷侧不得再出现保护接地中性导体，应在 RCD 的电源侧将中性导体与保护接地导体分别引出。

4. TT 系统的保护措施应符合下列规定：

1）以下情况均应通过保护接地导体连接到接地极上：由同一个保护电器保护的所有外露可导电部分；多个保护电器串联使用时，每个保护电器所保护的所有外露可导电部分。

2）在 TT 系统中应采用剩余电流保护器（RCD）作故障保护。当故障回路的阻抗 Z_s 值足够小，且稳定可靠，也可选用过电流保护电器作故障保护。

3）采用剩余电流保护器（RCD）作故障防护时，切断电源的时间和保护电器的动作特性应符合要求。

5. IT 系统的保护措施应符合下列规定：

1）在 IT 系统中，带电部分应对地绝缘。

2）在发生带电导体对外露可导电部分或对地的单一故障时，应采取措施避免发生第二次故障，造成人体同时接触不同电位的外露可导电部分而产生危险。

3）外露可导电部分应单独、成组或共同接地，应计及电气装置的泄漏电流和总接地阻抗值的影响。

4) IT 系统可以采用下列监视器和保护电器：

①绝缘监视器（IMD）。

②剩余电流监视器（RCM）。

③绝缘故障定位系统（IFLS）。

④过电流保护器。

⑤剩余电流保护器（RCD）。

5）为提高供电的连续性而采用 IT 系统时，应设置绝缘监视器以检测第一次带电部分与外露可导电部分或与地之间的故障。

6. 附加保护应符合下列规定：

附加保护是在交流系统中装设额定剩余电流不大于 30mA 的 RCD 作为基本保护失效和故障保护失效以及用电不慎时的保护措施。

辅助等电位连接可作为附加保护，采用辅助等电位连接后，在发生故障时仍需切断电源。辅助等电位连接可涵盖电气装置的全部或一部分，也可涵盖一台电气设备或一个场所。辅助等电位连接应包括可同时触及的固定式电气设备的外露可导电部分和外界可导电部分，也可包括钢筋混凝土结构内的主筋；辅助等电位连接系统应与所有电气设备以及插座的保护接地导体（PE）相连接。

第十九章　电气设计普遍存在的问题

一、电气总平面图存在的问题

线型表示不规范：对总体工种的底图不整理，拿来就画，本专业线型不突出。

户外灯具标注不完善：例如光源、色温、造型描述不准确等。

庭院灯布置不合理：照度及均匀照度没有指标，十字路口的照度比道路照度小。

配电系统不正确：对户外接地系统没有搞明白，接地系统与实际布线不一致，这里主要是采用 TT 系统还是 TN-C-S 系统与接法概念模糊。

敷设方式不符合实际需求或不经济，应根据环境实际情况和电缆根数确定敷设方式，如电缆沟、穿排管、直埋等。

二、电气平面图存在的问题

1. 电缆桥架不标型号规格、材质，从始端到末端尺寸规格不变，也不标安装方式和安装高度。没有明确槽式、托盘、梯形等桥架形式。

2. 一个灯具接线盒接五个方向出线。

3. 建筑图样拿来不做任何整理就开始绘图，电气专业的线宽比其他专业的线宽还细；电气专业要表达的文字或线条叠加在其他专业的文字或线条上，造成电气专业内容不突出，甚至看不清楚。因此设计时，其他专业的线条应浅于电气专业的线条，应严格按制图标准执行。

4. 图形符号不按国家标准，自己发明创造。

5. 文字标注在其他线型上，使标注不清楚。

6. 图样密度太小，图纸充满率非常低，尤其是屋面平面图，有的 0 号图可能就画一个屋面楼梯间平面，一般要求图样所占面积应大于图纸面积的 75%。如屋面、楼梯间、局部夹层等内容较少的平面，可以将这些内容画到下一层的平面上，通过轴线和引线标注清晰，如果有电气引上线时标注会更清晰，更容易看清楚。

三、变电所设计存在的问题

1. 变电所布置存在的问题：变电所布置在厕所或水房下面，变压器与低压配电柜排列不合适。如图 19-1 所示，配电柜背后与变压器对齐，操作面与变压器不在一个平面，从操作面看不美观，更重要的是变压器低压出线设计要求在操作面方向，因此，变压器至低压配电柜的母线不能直接敷设，母线要在变压器壳体内敷设成 Z 字形，增加了造价，安装也复杂。

2. 高压配电系统存在的问题：没有后台机，没有二次仪表，没有二次微机保护型号规格，也没有画二次原理图，有的在进线柜加接地开关，联络柜未设带电显示装置等。

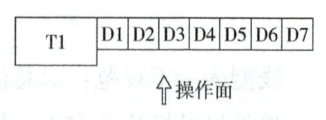

| T1 | D1 | D2 | D3 | D4 | D5 | D6 | D7 |

↑操作面

图 19-1　某变电所平面布置

3. 低压配电系统存在的问题：平面布置与系统图方向相反，无功补偿柜主柜和辅柜都设有无功补偿控制器，同时设两个无功补偿控制器是不合理的。共补分补、循环切换、程序切换等诸多概念不清等。

四、火灾报警系统设计存在的问题

说明未写每个总线回路不得超过 32 个地址，系统图上也未标注；隔离模块的安装位置及安装要求，是环形总线还是鱼骨形总线表达不清楚；隔离模块与总线的接法，是 T 形接法还是串联接法表达不清楚；监控模块控制触点是有源还是无源没有明确；控制模块没有安装在金属盒内；设计中在联动时没有分清有源和无源触点等。

1. 无源控制模块如图 19-2 所示。控制模块的输出触点可以串接到有源的控制回路中，无源触点闭合和断开联动消防设备启停。无源控制模块可以驱动电流较小的继电器。

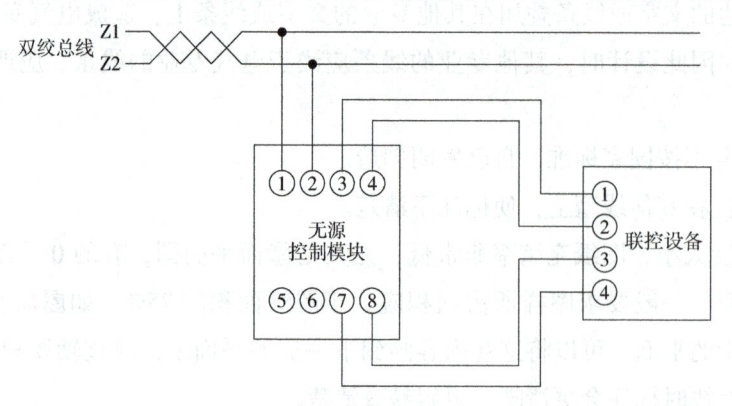

图 19-2　无源控制模块

注：控制模块接线端子 3、4 接无源触点反馈，端子 7、8 为无源常开控制触点。

2. 有源控制模块如图 19-3 所示。控制模块的输出触点可以直接驱动消防联动继电器，继电器不需要外接电源，有源触点闭合和断开联动消防设备启停。有源控制模块可以驱动电流较大的继电器。

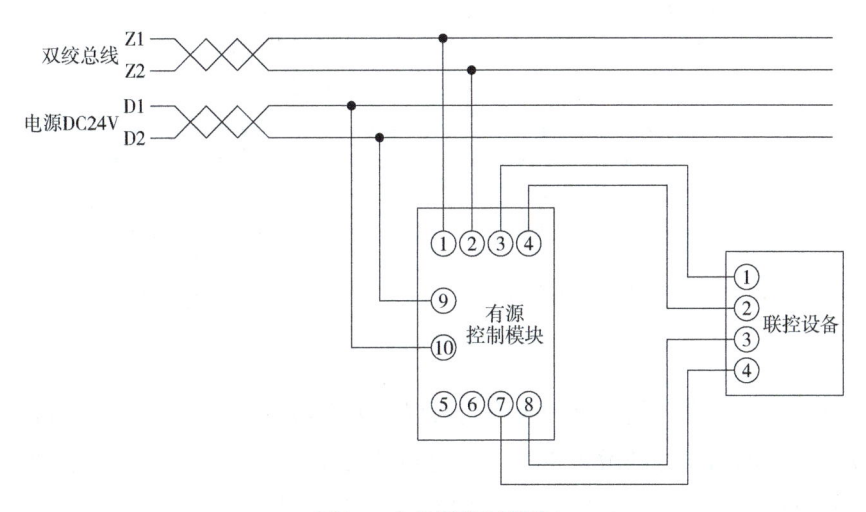

图 19-3 有源控制模块

注：控制模块接线端子 3、4 接无源触点反馈，端子 7、8 为有源常开控制触点，可以直接驱动 DC24V 继电器。

3. 总线环形接法。报警总线环形接法主要是隔离模块安装在弱电井外，如图 19-4 所示。

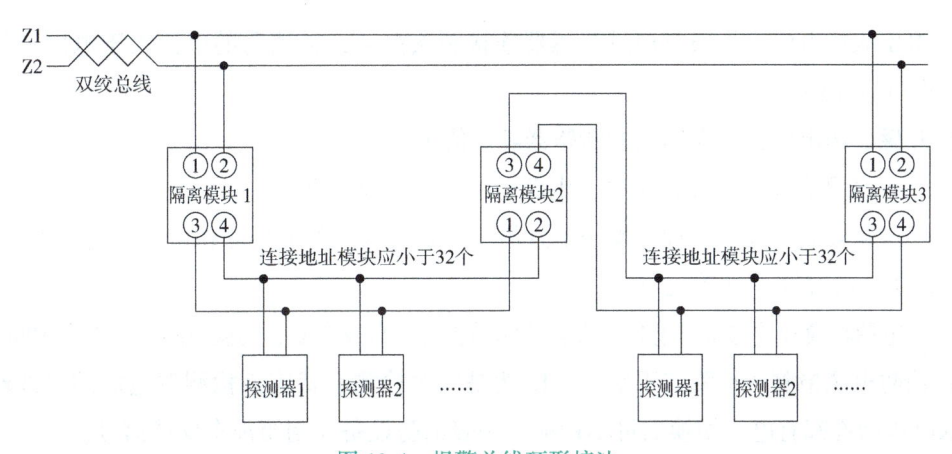

图 19-4 报警总线环形接法

4. 总线放射接法。报警总线放射接法隔离模块一般都集中安装在弱电井里，如图 19-5 所示。

5. 消防控制室选择存在的问题。消防中心（消防控制室）位置应设置直通室外的出口，很多人概念不清。《建筑设计防火规范》规定：疏散门应直通室外或直通到安全出口；《民用建筑电气设计标准》规定：消防控制室应设置在建筑物的首层或地下一层，当设在首层时，应有直通安全出口，当设在地下一层时，距通往室外安全出入口不应大于 20m。什么是直通室外？就是要求进出消防控制室的人员不需要经过其他房间或使用空间就能直接到达户

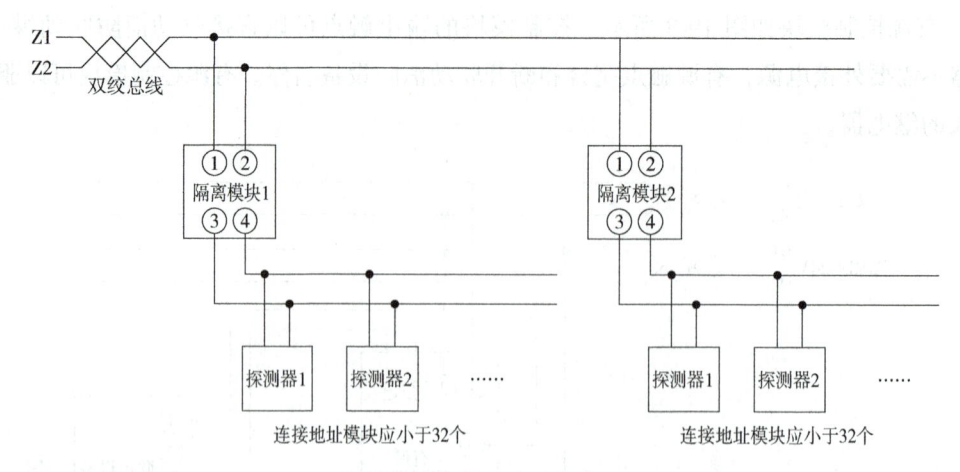

图 19-5　报警总线放射接法

外，开设在建筑首层门厅大门附近的疏散门可以视为直通室外；"疏散门应直通安全出口"是要求消防控制室的门通过疏散走道直接连通到进入疏散楼梯（间）或直通室外的门，不需要经过其他空间。凡是用于人员疏散的通道，都可以称为疏散通道。

五、配电箱系统设计存在的问题

1. 电度表或电流表直通与通过互感器连接画法混淆，被测量的电流大于电度表的量程时应增设电流互感器。

2. 互感器额定值比所在回路的断路器额定值小。

3. 电源由异地（或室外）引来，电源总进线不加隔离开关。

4. 配电箱安装高度不合理，操作不方便，一般要求操作面中心位置高度为 1.5m，最高不宜超过 1.7m，最低不宜低于 1m。

5. 双电源转换开关选型不清楚，没有注明是否需要自投自复、切换时间、是否有中间位等。

6. 消防电源检测的检测点不统一，既然是电源检测，就应该检测双电源的进线端，以保证双电源始终都有电，切换后可不检测，一般消防设备控制箱都有反馈信号。

7. 二次原理图只列出标准图集，不列出具体页码及方案，甚至有的设计人员选的标准图的主回路与设计的主回路不一致（如设计采用接触器，选的标准图是 CPS）。

六、景观照明配电设计存在的问题

1. 相关规范规定距建筑 20m 以外宜采用 TT 系统配电，《城市道路照明设计标准》规定道路照明可以采用 TN-S 系统，景观照明到底应该采用哪种接地系统配电却没有交代清楚。选择接地系统配电类型时首先需考虑线路敷设方式、线路机械强度、支线供电半径等。

2. 控制原理时控、光控交代不清，经济性或灵活性不合理。

七、防雷接地设计存在的问题

1. 接地画在一层平面图上，应该画在结构基础图上。

2. 采用多根专设引下线时，漏设计断接卡。应在各引下线上距地面 0.3~1.8m 处装设断接卡。

3. 当利用混凝土内钢筋、钢柱作为自然引下线并同时采用基础接地体时，可不设断接卡，仅留测量点。

4. 当仅利用钢筋作引下线并采用埋于土壤中的人工接地体时，应在每根引下线上距地面不低于 0.3m 处设接地体连接板（标准图上称为检测点）。

5. 利用钢筋作引下线时应在室内外的适当地点设若干连接板（主要考虑接地电阻不够时增加接地极用）。

八、图面设计质量应注意的问题

1. 图纸不按施工图设计文件编制深度要求进行排序，图纸名称与内容不符，有的图纸中有两种内容，目录上只写一种。例如，防雷与接地平面图，目录上只写防雷平面图，接地平面图就很难找到，所以说目录是反映图纸内容的纲，只有纲领准确，看起图来才很顺畅。图纸的内容要在目录中清晰反映，以便查找，如果一张图纸中有一个以上的内容，就应在目录中反映该张图上的全部内容，如果图纸名称文字太多，目录可以简化，能够表达清楚即可。

2. 施工图说明只是将规范条款一字不漏地抄下来，没有针对性，甚至说明与图样表达不一致，容易让人误解。例如人员密集场所应急照明照度要求高，说明中也写了人员密集场所应急照明的照度要求，施工时施工人员不知道哪些场所是人员密集场所，所有说明中必须明确哪些地方是人员密集场所，如一层商城、电梯前室等为人员密集场所。

3. 施工图说明中有很多与设计无关的内容，施工图设计总说明与图样中的备注说明重复或矛盾，其主要问题是复制其他说明，没有针对本项目进行修改；还有就是一个问题多处备注或说明，结果造成多处备注与说明不一致，内容也可能都正确，但是给施工人员带来困惑。因此，需要说明和标注的内容只在一处标注和说明即可。

4. 有些图例和表达方式不按国家标准图，自己创造，很难理解。如果国家标准有相应的符号，设计中就要用国标图例，如果国家标准没有可以自己设计，最好用多数设计师普遍认可的一些符号，尽量不要用其他国标图例代替，以免混淆。

5. 平面图设计容易出现的问题：未设计避难层安全照明，未设计消防控制室对外报警直线电话。

6. 树干式供电应不设保护电器,而是设隔离开关或不设任何开关电器,不符合设计要求。

7. 住宅设计质量:根据相关规范每套住宅的起居室、卧室或兼起居室的卧室应设置信息网络插座,现在部分设计仅在主卧室预留信息网络插座,其他房间不设信息网络插座,这就造成用户后期居住不能灵活改变房间用途。信息网络插座附近一定要预留电源插座,往往信息网络插座与电源插座设计时不在一个平面图上,如果不标定位尺寸,施工人员可能随意安装,有可能造成电源插座与信息网络插座距离较远,给用户带来不便。

8. 幼儿园设计时往往会遗漏寝室巡视照明,巡视照明灯具不宜设置在床的顶部,灯具色温不宜大于3300K,哺乳区照明灯具应采用漫光型灯具,色温也应小于3300K。托儿所、幼儿园的紫外线消毒灯的控制装置应设防误开措施,可采用下列两种控制措施:①采用翘板开关控制,并把灯开关设置在门外走廊专用的小箱内并上锁,由专人负责,其他人不能操作。②采用专用回路并集中控制,把控制按钮设在有人值班的房间,确定房间无人时由专人操作开启紫外线消毒灯。

第二十章　设计难以把握的一些问题

1. 现在有些施工图说明将相关规范中的强制性条文一一罗列，没有针对性。设计说明一定要把规范条款具体化、明确化。

2. 图样设计与说明不一致，虽然设计说明引用了相关标准的强制性条文，但施工图设计表达或计算数据没有达到强制性条文要求，可能会导致施工时没有按强制性条文执行。对于强制性条文应尽量在设计图中表达清楚，图样中确实无法表达的或用文字说明更能说清楚的，可通过施工图说明进行有针对性的说明，不可以将规范中的条文一字不改地照抄，设计时不能把规范中的"应""必须""宜""可"等文字写到施工图说明里，应明确施工具体措施、材料或设备选型参数及技术要求。

3. 施工图设计标准的有效性应按出图日期为准，无论设计周期多长，执行标准都应按出图时的有效版本执行。也就是说，在设计过程中一直用的标准如在出图前有新版本发布，这时也应按照新的有效版本标准调整相关内容后再出图。

4. 规范中"宜"在设计中该如何把控？有条件时应尽量满足"宜"的要求，执行"宜"确实有困难时，可通过其他措施尽量靠近"宜"的要求。

5. 火灾自动报警系统设计时，每个报警总线短路隔离器按标准要求仅能保护32个地址模块，施工说明也指出每个报警总线短路隔离器所带地址模块不应超过32个，实际设计超过32个，这样可能造成施工时违反标准的强制性条文。说明只是介绍设计原则，但不能规避图样中出现的问题。

6. 二级负荷一路10kV电源是否必须为专用架空线路引入？现在10kV线路架空在城市里很少出现，之所以采用10kV架空线路，主要考虑维修方便。如果从变电站采用独立专线沿电缆沟敷设，维修也很方便，也可以满足二级负荷要求。从环网上专线引来不能满足二级负荷要求。当只有一路10kV电源时，变电所必须设置两台变压器，变压器之后的配电设计与一级负荷相同，分别由两台变压器的配电回路各引出一个回路在末端进行自动转换。

7. 高压配电室与变电所相邻布置，在变电所的变压器前端是否还要设置开关柜？可以不设，因为变压器前端开关柜主要是满足变压器的保护和断电操作，高压配电柜与变压器距离较近，能够满足变压器的保护和断电操作要求。

8. 在园区设有总高压室的时候，如分配电室的变压器不大于1250kVA时，变压器前端设高压环网柜，开关是否均可采用负荷开关和熔断器组合（这里主要是说不采用断路器）？变压器温度保护怎么考虑？负荷开关带有分励脱扣可以闭环控制的可以采用负荷开关和熔断器组合，否则变压器的温度信号应传到上一级出线断路器控制回路中，以联动断路器分合闸。

9. 相关标准中要求消防设备末端配电箱应设置在各防火分区的配电小间内，电动挡烟垂壁、电动排烟窗、电动防火窗、消防排水泵等控制箱是否必须设置在本防火分区的配电小间内？这里主要要分清楚配电箱和控制箱，配电箱一定要安装在配电间内，控制箱可以安装在设备附近。

10. 相关设计标准要求一级非消防负荷供电采用两路电源在末端配电箱处自动切换。一级非消防负荷末端配电箱设在什么位置合适？这里还是要分清楚配电箱和控制箱，原则是配电箱应设置在配电井或配电间，如果双电源切换装置与控制箱是一体的，该箱体宜安装在被供电的设备机房。

11. 室外电动伸缩门的剩余电流动作值应设置为300mA还是30mA？任何设计都应以人为本，电动伸缩门与行人接触机会很多，所以应选用剩余电流动作值为30mA的剩余电流保护断路器。

12. 三相供电的商业网点配电箱内进线开关是否应采用四极开关？如果有220V的电气设备，就不应断开N线，避免N线接触不良造成供给220V电气设备的电压变成380V。所以，商业网点的配电箱总开关宜选用三极开关，不应断开N线，如果是220V电源，应采用二极开关，可断开N线。

13. 相关标准要求住宅电源进线开关能够同时断开相线和中性线，进线开关能否设置为断开相线和中性线的隔离开关？如果住宅采用单相供电，住宅进线可以断开N线。如果上一级没有保护电器，住宅电源进线开关应选用带保护和隔离功能的电器。

14. 相关标准要求室外工作场所的用电设备配电线路应设置额定剩余动作电流值不大于30mA的剩余电流保护器。航空障碍灯安装在室外是否应设置剩余电流保护器？航空障碍灯一般都安装在建筑顶端，不是人员可触碰的地方，因此航空障碍灯的配电回路可不设剩余电流保护，避免误动作影响航空障碍灯的正常工作。

15. 消防控制室内照明、插座及空调电源是否可以从消防控制室消防配电箱引出？可以，因为消防控制室的照明也是为消防控制系统服务的，插座应注明"不应为消防系统工作以外的负荷取电"，这里的照明及插座应采用独立回路供电。其他通风、空调、加热、除湿等设备需另行设置配电箱。

16. 54m高及以下普通住宅建筑的消防电梯兼做客梯时是否可与其他客梯共用一组消防双电源供电？相关标准要求54m高及以下的普通住宅的消防电梯兼做客梯时可与其他客梯共用一组电源，高度大于54m的普通住宅的消防电梯兼做客梯时和其他客梯应分别供电。

17. 建筑内同层平面上防火分区较多时，是否可以几个防火分区合用一组消防总配电箱？还是必须由变电所分别配电？可以几个防火分区合用一组消防总配电箱。但消防配电级数由变电所低压配电系统算起不应超过三级，且第二级配电出线回路耐火性能应按供电干线选择。

18. 一个防火分区的多个消防排烟风机如何配电？如果这个防火分区仅引来满足要求的两个回路电源，可将双电源切换箱设在该防火分区的配电间或某个消防设备间，然后采用放射式供电的方式向该防火分区的消防设备供电，其供电线路应满足消防供电干线的防火要求。

19. 相关标准要求电源转换的功能开关应采用四极开关，是否要求两台变压器的母联柜必须采用四极开关？没有严格要求，如果两台变压器的低压配电系统的母联采用四极断路器，两台变压器中性点可独立接地，如果两台变压器低压配电系统的母联采用三极断路器，两台变压器中性点应采用一点接地，接地点宜设在母联柜内。

20. 双电源自动转换开关如何确定其是否具有隔离功能？一般双电源切换开关如果有中间位置（也称为零位），就可以认为是有隔离功能的。

21. 与卫生间无关的线缆导管是否可以进入和穿过卫生间？为卫生间设备提供电源的管线满足防护等级时，是否可以敷设在0区、1区？与卫生间无关的线缆禁止穿过卫生间。为卫生间服务的电源线缆的保护等级符合要求时可以敷设在0区、1区。

22. 当末端配电短路保护电器为断路器时，被保护线路末端的短路电流不应小于断路器瞬时或短延时过电流脱扣器整定电流的1.3倍。断路器如何选择才能满足灵敏度要求？应根据用电负荷性质选择断路器类型，如电动机拖动的设备用电应选用电动机保护型断路器，其他照明等用电保护可选用配电型断路器。断路器根据脱扣电流分为A、B、C、D、K等类型，具体每个类型及用途如下：

1) A型脱扣曲线：磁脱扣电流范围为I_n的2~3倍，该特性适用于保护半导体电子线路及带小功率电源变压器的测量回路或线路长且电流小的系统。

2) B型脱扣曲线：瞬时脱扣电流范围为I_n的3~5倍，该特性适用于纯阻性负载、低感照明回路及保护短路电流较小的负载（如电源、长电缆等）。

3) C型脱扣曲线：瞬时脱扣电流范围为I_n的5~10倍，该特性适用于感性负载、高感照明回路及保护常规负载和配电线缆。

4) D型脱扣曲线：瞬时脱扣电流范围为I_n的10~14倍，该特性适用于高感负载和有较大冲击电流的配电系统。保护启动电流大的冲击性负荷（如电动机、变压器等）。

23. 双电源供电配电箱的双电源转换开关前是否需设开关电器？具体情况具体分析，如果是树干式供电，两路电源从树干引出时双电源转换开关前应设保护和隔离电器，保护电器主要是防止一个分支短路从而引起整条干线停电，使故障范围扩大，隔离电器主要是考虑双电源转换开关的维修。如果是放射式供电，电源配出端设置了保护和隔离电器，双电源转换开关前可不设保护和隔离电器。

24. 相关标准规定由建筑物外引入的低压电源线路，应在总配电箱的受电端设具有隔离和保护功能的电器。这主要是考虑整个建筑用电的维护方便，不至于维修还要经过变电所断电，这样既不方便，也不安全，原因是变电所值班人员可能不知道有人在维修，送电会造成维修人员伤亡。

25. 相关标准规定线槽内电缆的总截面面积（包括外护层）不应超过槽盒内截面面积的40%，且电缆根数不宜超过30根。是否对有孔托盘也按此要求执行？是的，这主要是考虑线槽内的电缆散热和后期维护，如果电缆根数过多，下层电缆故障很难翻上来维修。

26. 在有充电桩的车库中设置的防护单元隔墙（非防火分区隔墙），分支线路能否跨越防护单元？分支线不能跨越防护单元，主要是考虑管理不便，既然增加了防护单元隔墙，就是考虑防护单元之间不得相互影响，所以分支线不应跨越防护单元。

27. 设有消防给水系统的地下室发生火灾时，不应立即切掉的非消防电源有正常照明、生活给水泵、安全防范系统设施、地下室排水泵、客梯和Ⅰ~Ⅲ类汽车库作为车辆疏散口的提升机等。

28. 配电箱和控制箱是否可以设置在封闭楼梯间或防烟楼梯间内？配电箱和控制箱不可设置在封闭楼梯间或防烟楼梯间内，因为封闭楼梯间和防烟楼梯间是人员疏散的安全通道，配电箱和控制箱是有着火危险性的设备，因此不允许配电箱和控制箱设置在封闭楼梯间或防烟楼梯间内。

29. 金属线槽、电缆桥架等电气线路是否可在封闭楼梯间或防烟楼梯间内敷设？封闭楼梯间或防烟楼梯间是人员疏散的安全通道，金属线槽、电缆桥架等电气线路是有着火危险性的设备，因此不允许金属线槽、电缆桥架等电气线路敷设经过封闭楼梯间或防烟楼梯间。

30. 当一个设计项目有多个单体建筑，是否所有单体建筑的低压配电系统都要设电气火灾监控？既然是单体建筑，它们之间可以说没有任何联系，每个单体建筑是否设置电气火灾监控系统应按每个单体建筑分别考虑。

31. 相关标准要求每幢住宅的总电源进线应设剩余电流动作保护装置或剩余电流动作报警装置。当设置电气火灾监控系统时，是否还应设置剩余电流保护电器？剩余动作电流值300mA或500mA是否有明确要求？如果设计了电气火灾监控系统可不设剩余电流动作保护装置或剩余电流动作报警装置，电气火灾监控系统也监测剩余电流，因此火灾监控系统可以兼顾剩余电流动作保护功能。

32. 公共建筑及居住建筑大堂是否需设应急救护电源插座？根据相关标准要求，公共建筑和住宅大堂应设插座，以满足救援急用，设置的插座应有防止非管理人员使用的防护措施。

33. 普通幼儿园或学校建筑，直接按二类防雷设计，还是预计雷击次数大于0.05次/a时，按二类防雷设计？普通幼儿园或学校建筑应按人员密集场所进行计算确定防雷等级。

34. 电梯井道是否需设镀锌扁钢？轿厢轨道及配重轨道上下两端就近接地是否可以代替扁钢？电梯井道内应敷设扁钢，供电梯接地用。轿厢轨道及配重轨道不能作为接地连接导体，主要是考虑连接接地时影响电梯运行安全。

35. 相关标准要求厨房设备应设置等电位连接。这里的厨房是否包含住宅建筑中的厨房？不包括住宅建筑中的厨房，住宅中的厨房比较干燥，不需要做等电位设计，公用厨房有很多电气设备，地面经常需要用水清洗。因此，厨房设备应设置等电位连接，以保证工作人员安全。

36. 《火灾自动报警系统设计规范》能否作为建筑是否应设置火灾自动报警系统的依据？《火灾自动报警系统设计规范》不能作为建筑是否应设置火灾自动报警系统的依据，《建筑防火通用规范》确认建筑需要设置火灾自动报警系统后，才按《火灾自动报警系统设计规范》要求进行设计。

37. 当消防控制室与安防控制室合用时，供电电源是否可合用配电箱？可以合用，但要分回路。因为监控系统在火灾时也要临时发挥作用，同时也考虑火灾报警系统与安防监控系统的运维方便。

38. 高层住宅采用集中报警系统和控制中心报警系统时，是否应设置消防应急广播？相关标准已明确"高层住宅的公共部位应设置带语音功能的火灾声警报装置或应急广播"。

39. 生活水泵在火灾发生时，是否应通过火灾自动报警系统切除电源？生活水泵为火灾发生时不应立即切断的非消防电源之一，应在消防水系统动作前手动或自动切断，不是一着火就马上切断生活水泵电源，因为着火初期有可能要用生活水灭火。

40. 住宅公共门厅是否必须设置区域报警器？住宅公共门厅未设置区域火灾报警器时，应设置火灾重复显示器。

41. 小型幼儿园是否也应设火灾自动报警系统？幼儿为弱势群体，从安全角度出发应设置火灾自动报警系统。相关标准规定：托儿所、幼儿园、老年人照料设施、任一层建筑面积大于500m^2或总建筑面积大于1000m^2的其他儿童活动场所也应设置火灾报警系统。

42. 建筑一层安全出口外面如何设置应急照明？相关标准要求建筑安全出口外面及附近区域地面水平最低照度不应低于1lx，根据环境照明情况确定，应保证最低疏散照度要求，一般在雨篷设置一盏应急灯。

43. 无人值班的消防风机房是否需设置疏散照明及疏散指示标志？疏散照明是为人员疏散用的，消防风机房属于无人值守的地方，可不设疏散照明及疏散指示标志，应设应急照明，照明电源可从消防风机控制箱引来，但需增设独立保护开关。

44. 教学楼内普通教室疏散门的正上方是否应设灯光疏散指示标志？教学楼内的普通标准教室是否算作人员密集场所？教学楼内普通教室面积较小，学生也熟悉环境，因此疏散门的正上方可不设灯光疏散指示标志，大教室可视为人员密集场所，应设置灯光疏散指示标志。

45. 安全出口和疏散出口上方设置的出口标志灯是否应有所区别？安全出口与疏散出口标志灯的图例应有区别，疏散出口上方设置的标志灯的指示面板不应有"安全出口"字样的文字标识，应标出"疏散出口"字样的文字标识。

46. 庭院灯是采用三相五线供电还是采用单相三线供电？首先要考虑供电电缆的机械强度，如果选择单相三线电缆供电，电缆总截面面积偏小，线路机械强度较低，如果选用截面面积大的电缆，又增加造价。采用三相五线供电，A、B、C 三相间隔配电，这样的好处是三相电压比较均衡，电缆机械强度也相对增加。

47. 装配式建筑电气设计要点。

1）装配式建筑电气设计不同于非装配式建筑，在进行装配式建筑电气设计时，主要考虑暗敷电线管路的敷设路径，尽量利用现浇部分及外墙保温层等敷设电气管线、接线盒、插座、开关盒等设备。

2）电气专业与建筑专业协同确定楼板、外墙等预制构件上的开孔、开槽尺寸及位置，要考虑开孔、开槽对预制构件的影响，避免造成预制件的损伤，尽量减少在预制构件上开孔和开槽的数量，要准确记录预制构件中的预埋电气管位。

第二十一章　演艺场所电气设计要点

随着社会的发展，人们在物质生活得到了丰富之后，对精神生活的追求也在日益增长，演艺场所的供配电设计也成了电气设计的一个重要内容。

一、演艺场所的供配电

1. 用电负荷的确定。

（1）特等、甲等剧场的舞台照明、贵宾室、演员化妆室、舞台机械设备、电声设备（调音控制系统）、电视转播等用电应为一级负荷；其中特等、甲等剧场的调光用计算机系统用电应为一级负荷中的特别重要负荷，第三电源可以采用 UPS 电源。

（2）特等、甲等剧场观众厅照明、空调机房的电力和照明、锅炉房电力和照明等用电应为二级负荷。

（3）不属于一级、二级用电负荷的其他用电负荷为三级负荷。

2. 演艺场所的设备供电。除空调通风、电梯、给水排水、消防等建筑功能的用电外，演艺设备（灯光、舞台机械、扩声系统等）的负荷将是最大的用电负荷，这些用电负荷供电都是以实际装机容量乘以需用系数作为计算负荷。

3. 预留电源及要求。

（1）对于需要电视转播或拍摄电影的剧场，在观众厅两侧宜设置容量不小于 10kW、电压为 380V/220V 三相四线制的固定供电电源配电箱，挂墙的配电箱应保证引出电缆方便，不影响工作人员及观众通行。

（2）乐池内乐器、谱架灯、化妆室台灯、观众厅座位排号灯等，应采用特低电压供电。这些都是人们易接触的电气设备，采用特低电压配电可避免触电事故的发生，保障人身安全。按国家标准规定，特低电压为小于或等于 50V 的电压，特低电压的用电设备一般有 36V、24V 和 12V，可以采用带有 36V、24V 及 12V 接线的变压器。如果特低电压不能满足使用要求，确实需要 220V 电压的电源，可采用 220V/220V 隔离变压器供电。预留的特低电压电源插座须标注电压标识，避免插错电源造成设备损坏。

（3）为了便于加装临时设备，主舞台区四角应设中性线截面面积不小于相线截面面积的三相回路专用电源，该电源容量可按下列要求设计：

1）甲等剧场在主舞台后角电源不小于三相 250A，在主舞台前角电源不小于三相 63A。

2) 乙等剧场在主舞台后角电源不小于三相 180A，在主舞台前角电源不小于三相 50A。

3) 主舞台两侧设置交流 220V、12~16kW 的流动功放电源专用插座（可能在主舞台两侧设流动音箱，需要专用电源）。

4) 剧场台口两侧预留 LED 显示屏电源，其电源配电柜及计算机控制设备设在灯控室内。在台口顶部预留会议横幅 LED 显示屏电源，在台口预留提示字幕的 LED 显示屏电源及信号线。预留的 LED 屏负荷可按 $1.0~1.5kW/m^2$ 考虑。

二、演艺场所用电设备接地要求

1. 音响扩声系统、电视转播设备等弱电系统需设屏蔽接地装置，且接地电阻不大于 4Ω，屏蔽接地装置与电源变压器工作接地装置应分开设置，当单独设置接地极有困难时，可与电气装置接地合用接地极，接地电阻不应大于 1Ω，屏蔽接地线采用 BV-35C 穿 PVC 管集中一点与合用接地装置连接，接地引上线严格与其他接地引上线和柱内钢筋分开。

2. 控制室可采用防静电地板，地板应抬高 20~30cm，以便地板下面敷设线路。

3. 电声控制室不要与有电磁干扰的设备机房相邻（灯光控制室、变频电动机房等）。

4. 用电设备配电接地系统分析：如图 21-1 所示，断开点如果断开，将会出现单相负荷没有零线，每个负荷的零线通过其他负荷设备回路与另一相线形成 380V 电压回路，为扩声系统、灯光系统等供电的 220V 电源就变成 380V，就可能烧坏设备。所以，单相设备的零线接线应按图 21-2 所示的方法施工，由接地极分别敷设自己的接地线。

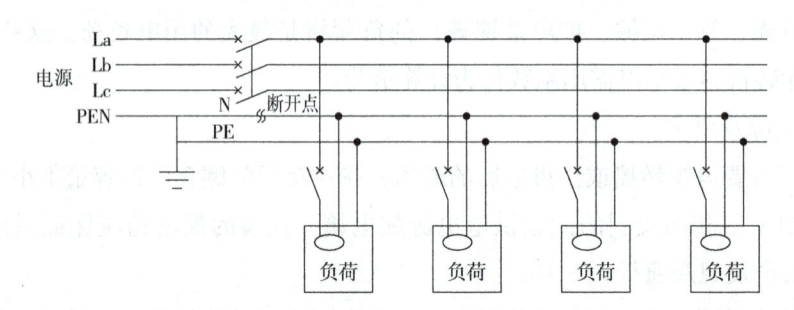

图 21-1 用电设备配电接地系统图

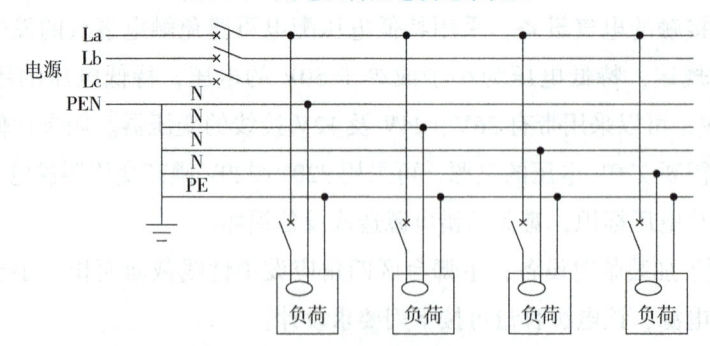

图 21-2 单相设备的零线接线方法

三、配电回路应注意的问题

1. 舞台机械设备在演出过程中可能频繁启动，其启动冲击电流可能引起电源电压波动。因此，照明设备及音响系统设备的负荷宜与舞台机械由不同的变压器供电。由于扩声系统宜受电磁信号的干扰，如果条件允许，扩声音响设备的电源与舞台机械和照明设施的电源时可引自不同的变压器。如果仅有一台变压器，可分别由变电所的低压配电柜引各自用电回路，以减少相互干扰。

2. 舞台照明设备的电控柜（调光柜）室、舞台机械设备电控室、声控室的供电电源，应在配电柜电源引入端设保护及隔离开关电器。隔离开关主要是考虑检修方便，当线路故障或柜体检修时，无须在变配电所分断电源。当采用可控硅舞台调光装置时，其电源中性线截面面积不应小于相线截面面积。由于 LED 光源谐波比较大，有可能出现中性线电流大于相线电流的情况，电缆产品中没有中性线截面面积大于相线截面面积的，因此在电缆选型时应适当放大电缆规格。

3. 供配电及线路敷设：特等、甲等剧场配电线路须采用阻燃低烟无卤交联聚乙烯绝缘电力电缆、电线或无烟无卤电力电缆、电线；乙等剧场宜采用阻燃低烟无卤交联聚乙烯绝缘电力电缆、电线或无烟无卤电力电缆、电线。临时移动线路必须采用移动电缆（主要是考虑柔软），在有人员可能经过的地方要有防护措施。

4. 演艺场所所有配电回路在配电箱内均应设火灾剩余电流保护措施，所有的插座回路应设剩余电流保护断路器。

四、照明及控制

1. 演艺辅助场所照明照度可以依据照明照度设计标准，如有特殊需要，可根据需要设局部照明。

2. 照明的色温要求：剧场绘景间和演员化妆室的工作照明其光源应与舞台照明光源色温接近。保证绘景及化妆效果与演出效果一致。

3. 剧场观众厅照明控制要求：剧场观众厅照明的控制应能渐亮渐暗平滑调节，避免瞬时亮度变化大造成观众视觉失能的不舒服感，调光控制装置须在灯光控制室和舞台监督台等多处设置，保证观众厅的照明与演出同步管理。

4. 清扫场地的照明控制：观众厅应设清扫场地用的照明，并可与观众厅照明共用灯具，其控制开关设在前厅值班室或便于清扫人员操作的地点。满足观众厅清扫需要，这里还要注意清扫照明的控制应与舞台照明控制系统分开，保证舞台照明不工作时（舞台灯光控制室上锁），清扫照明能独立操作，清扫照明控制操作开关一般设在灯光控制室、舞台上场门边及清扫间。

5. 观众厅、前厅、休息厅、走廊等直接为观众服务的场所，其照明应集中控制，防止观众随手操作。

6. 剧场观众席座位排号灯的设置：座位排号灯应保证字体清楚无眩光。

7. 特等、甲等剧场建议设置灯光智能照明控制系统。剧场观众厅照明，观众厅的清扫场地照明，观众席座位排号灯，前厅、休息厅、走廊等的照明，主舞台拆装台工作照明，蓝白光照明等控制应纳入灯光智能照明控制系统，智能照明控制系统可设置集中和就地控制转换功能。

8. 特等、甲等剧场的灯控室、调光柜室、声控室、功放室、舞台机械控制室、舞台机械电气柜室等处，须设不低于正常照明照度50%的应急备用照明。备用照明连续供电时间须大于3h。

9. 准备工作照明：主舞台区应设置拆装台工作照明，侧舞台和布景组装车间的特点是面积较大，空间较高，平时工作要求照度较高，顶部宜采用投光灯，避免出现散光，还应注意部分吊杆遮挡造成照度降低等现象，可适当增加灯具功率。

10. 应设置演出需要的蓝白工作灯，且均宜单独控制。演出过程中，舞台各区域及与演出相关的主舞台栅顶、各层天桥、台仓、耳光室、面光室、追光灯室等须设置蓝白工作灯。蓝白工作灯不得产生眩光，不能影响演出效果。

11. 准备工作照明：侧舞台周边，各层马道，主舞台负一、负二、负三层周边和柱上，追光灯桥，面光桥，耳光室等演员上下场必经过的通道都应设照明。栅顶、马道、台下空间的照明，宜采用荧光灯，开关设在照明场所的进出口处，且宜采用调光系统。为地面照明的灯具宜嵌墙安装，距地面200mm，安装间距2m左右，保证照明的连续性和较好的照明均匀度。

第二十二章　临时用电

一、配电系统要求

临时配电应采用三级配电系统，即总配电箱、分配电箱、开关箱三级。三级配电要求逐级保护，达到"一机一闸（每个设备必须有独立开关）、一漏（每个配电回路必须设剩余电流保护断路器）、一箱（配电开关必须安装在配电箱内）、一锁（每个配电箱必须带锁）"。设置在户外施工现场的配电箱、开关箱外形结构应能防雨、防尘。

施工现场作业的电动机械及配电箱等电气设备，如果这些电气设备正常不带电的金属外壳或基座均作保护接地，则不仅需要大量钢材埋置地下，一次性使用，而且不可能完全达到所有电气设备的接地要求，尤其对于某些移动电气设备，如移动电动机具、移动式配电箱等，保护接地装置是很难实现的。所以，对于施工现场临时用电工程来说，采用 TT 接地保护系统，从经济、技术角度来看都是不合适的，因此施工现场临时用电基本都是采用 TN-S 系统。

二、剩余电流保护要求

1. 采用两级剩余电流保护系统：指配电系统至少应在总配电箱设置一级剩余电流保护断路器，在开关箱设置二级剩余电流保护断路器。总配电箱的一级剩余电流保护断路器和开关箱中的二级剩余电流保护断路器的额定剩余动作电流和额定剩余电流动作时间应合理配合，形成分级分段保护。剩余电流保护断路器应安装在总配电箱和开关箱靠近负荷的一侧，如果采用单一的剩余电流保护电器，剩余电流保护断路器电源端应设短路保护电器，也可以采用带短路保护和过负荷保护的剩余电流保护断路器。

2. 开关箱中剩余电流保护断路器的额定剩余动作电流应小于或等于 30mA，额定剩余电流动作时间应小于或等于 0.1s，使用在潮湿场所的剩余电流保护断路器额定剩余动作电流应小于或等于 15mA，额定剩余电流动作时间应小于或等于 0.1s。

3. 总配电箱中剩余电流保护断路器的额定剩余动作电流应大于 30mA，额定剩余电流动作时间应大于 0.1s，但其额定剩余动作电流与额定剩余电流动作时间的乘积不应大于 30mA·s。

三、电缆导体和绝缘选型要求

1. 导体选型及敷设：穿管保护敷设或沿电缆线槽敷设的电缆可采用铜芯或铝芯电缆。如果采用索吊或明敷有移动位移的电缆宜采用铜芯电缆。明敷电缆一定要加保护措施，防机械损伤，有接头处要有防水浸措施。

2. 护套及绝缘材料要求：室内敷设的电缆应采用低烟无卤护套阻燃电缆，室外敷设的电缆可以采用 YJV 或 VV 护套和绝缘电缆，部分在户外和部分在室内敷设的电缆建议按室内考虑选型，如果配电箱临近外墙，户内仅有很少部分电缆，大部分在室外敷设，电缆可以按户外敷设选型。

3. 三相五线制配电的电缆线路，必须采用五芯电缆，电缆中必须包含工作芯线（相线）、工作中性线（N）及保护零线（PE），PE 线和 N 线与相线截面面积的匹配应严格按规范要求执行。

四、配电系统基本构架

临时配电系统基本构架如图 22-1 所示。

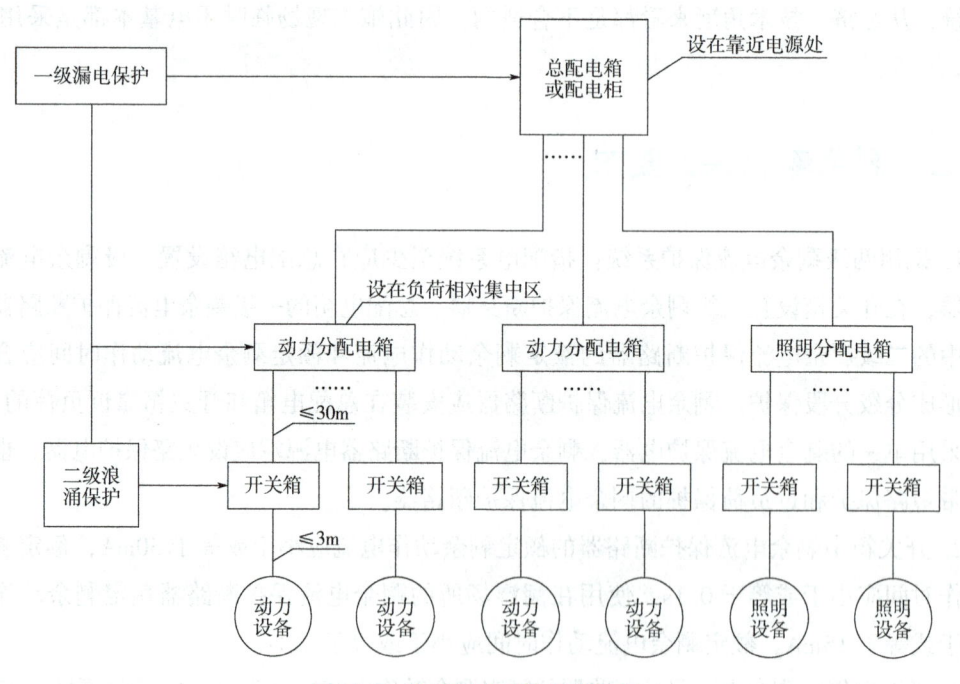

图 22-1 临时配电系统基本构架